现代化工工程项目管理第三次变革

万国杰 著

中国石化出版社

内 容 提 要

在讨论了工程项目管理第一次和第二次变革的基础上，本书重点探讨了在新时代、新经济的条件下，针对现代煤化工和石油化工工程项目管理存在的短板，从管理理念、管理哲学、管理理论、管理原则、管理方法、目标体系、计划体系和固定资产投资决策流程等方面，探讨了实现第三次变革的思路。通过对实际案例的分析，对投资决策的基础、可行性研究报告和可行性研究阶段等前期工作的概念进行明确。通过本书可对现代化工工程项目管理第三次变革有所启发。

本书可供教学培训、投资咨询、投资决策、工程设计、工程管理、生产运行、行政监督等组织和人员参考，也可作为工程哲学和工程伦理研究的参考。

图书在版编目(CIP)数据

现代化工工程项目管理第三次变革 / 万国杰著 .
—北京：中国石化出版社，2020. 12
ISBN 978-7-5114-6038-7

Ⅰ. ①现… Ⅱ. ①万… Ⅲ. ①石油化工-化学工程-项目管理-研究 Ⅳ. ①TE65

中国版本图书馆 CIP 数据核字(2020)第 227276 号

中国石化出版社出版发行
地址：北京市东城区安定门外大街 58 号
邮编：100011　电话：(010)57512500
发行部电话：(010)57512575
http://www.sinopec-press.com
E-mail:press@sinopec.com
北京柏力行彩印有限公司印刷
全国各地新华书店经销
*
710×1000 毫米 16 开本 10 印张 157 千字
2020 年 12 月第 1 版　2020 年 12 月第 1 次印刷
定价：46.00 元

序言 PREFACE

石油化工和现代煤化工的竞争能力体现在两个方面：一个是生产出高端、高附加值的功能性专用材料；另一个是提高大宗化工产品的生产效率，降低产品成本。第一个方面体现的是技术创新驱动的发展；第二个方面主要是工程项目集成平台创新能力的发挥。无论是哪一个方面，都离不开工程项目管理。因为只有通过工程项目，才能把新工艺、新材料等新技术，转化为市场需要的新产品，才能把技术创新与发明成果，转化为经济成果；只有通过工程项目，才能把新技术和新装备、新能源和新资源、新工艺和新管理，按照一定的规则和原则，集成为一个具有新功能、新效率的生产企业。

中国经济已经进入一个新的发展阶段，石油化工和现代煤化工既面临新的危机和挑战，也适逢新的发展机遇。资源型、规模型、速度型的投资模式和工程项目管理，已经不能适应新经济的要求。技术创新、管理创新、集成创新，必须成为现代化工工程项目管理提升的新动力，驱动工程项目管理向质量效益型、管理精细化的模式转变。

在新时代，中国改革的步子会更大，开放的范围会更广，阻碍生产力发展的行政约束和政策限制会逐步取消和弱化。全国统一市场的形成，会进一步降低制度性交易成本。同时，涉及生态环境、公共安全、社区利益的法治要求，会进一步严格与提高。这些因素，都对石油化工和现代煤化工工程项目管理，提出了新的、更高的要求。

新中国从第一个五年计划开始，苏联援建了156个工业项目，帮助我们建立了系统化的基本建设管理制度、程序和标准规范，实现了工程项目管理第一次变革，使我们从一个积弱积贫的农业国，走上了发展工业化之路。随着改革开放和经济体制改革，我国从计划经济转变为社会主义市场经济，工程项目管理开启了第二次变革，将西方发达国家工程项目管理流程和理论体系，与中国固定资产投资管理的实际相结合，完善和发展了工程项目管理的科学体系，使中国成为制造大国和基建大国，在基本满足自给的同时，还成为了贸易大国。其中石油化工和现代煤化工，以高于固定资产投资平均增速的速度发展，生产的产品数量和品类有了很大提高，极大地满足了人民生活和经济建设要求。

在讨论了工程项目管理第一次和第二次变革的基础上，本书重点探讨了在新时代、新经济的条件下，针对现代煤化工和石油化工，工程项目管理存在的短板，从管理理念、管理哲学、管理理论、管理原则、管理方法、目标体系、计划体系和固定资产投资决策流程等方面，探讨了实现第三次变革的思路。通过对实际案例的分析，对投资决策的基础、可行性研究报告和可行性研究阶段等前期工作的概念进行明确。

本书将有助于作出科学和理性的固定资产投资决策，有助于实现投资目标，有助于提高投资效率，有助于更好地发挥工程项目技术转化和集成创新的功能，有助于生产运行和工程建设的深度融合管理。

前　言 PREFACE

中国经济自改革开放以来，获得了快速发展。推动经济高速增长的三驾马车是：投资、出口和消费。其中，固定资产投资，在投资中占了绝大部分。固定资产投资，大多需要通过基本建设的形式实现，基本建设必然涉及工程项目管理。

从新中国成立之初，到20世纪70年代末，中国工业基础设施的建设，基本上是按照苏联的工程管理模式和体系运作。第一个“五年计划”期间，苏联援建中国156个工业项目，中国政府同时配套建设了数千个大大小小的项目。在苏联专家的帮助下，逐步建立了新中国的工业基础。在这些工业项目的建设过程中，同时形成了一套中国基本建设的管理体系。这套体系对我国奠定工业基础，发挥了重要作用。这套基本建设的管理体系，适应当时中国的实际情况，是新中国建设成就之一。这是新中国工程项目管理第一次变革，建立了系统的基本建设管理流程，走上发展工业化之路。

改革开放后，政府转变了管理经济的方式，由原来的计划经济，逐步转变为社会主义市场经济。原来的基本建设管理体系，也需要相应地改变。20世纪80年代初，经济管理部门学习引进西方投资与工程项目管理的程序，对原有的基本建设管理体系进行完善、补充和调整。这是新中国工程项目管理第二次变革，以适应改革开放和经济体制改革的需要。这次变革极大地释放了社会生产力，固定资产投资连续几十年保持15%以上的增速，迅速变成制造大国和基建大国。

40 多年来，随着投资主体多元化、投资方式多样化，各类投资主体以及投资管理部门逐步形成了多层次、多模式的投资与工程项目管理格局。建成了世界上里程最长的高速铁路网、港珠澳跨海大桥、三峡水利枢纽等。这些世界级的工程项目，确立了中国基建大国的地位。工程技术、工程装备和工程管理跃上一个新的台阶，带动和集成一批相关产业，由弱变强，由国内走向世界。

新中国成立 70 多年来，前 30 年，我们学习了苏联的基本建设管理模式，从零开始建立起基本建设的管理体系。这个体系帮助我们奠定了工业基础。后 40 年，我们向西方经济发达国家学习，使我们从紧缺型经济变成了过剩经济。产能过剩，意味着我们的基本建设能力过剩。国内的固定资产投资，不能满足过剩的工程建设能力的需求，必须走出去与其他国家开展产能合作。

中国经济已经进入提质、增效、动能转换的新阶段。中国的现代化工工程项目管理，在这个新阶段中必然面临着第三次变革。但是，这次变革不同于前两次的变革。第一次是我们从无到有，借助于苏联专家的帮助，建立起中国的基本建设管理体系。第二次是我们主动向西方经济发达国家学习，引进了西方的投资与工程项目管理流程，改变了固定资产投资决策和管理机制，将市场机制引入工程建设。在固定资产投资领域，中国是世界上唯一一个既采用过苏联基本建设管理模式、又学习引进了欧美西方工程项目管理程序，并且均取得了巨大成功和辉煌业绩的国家。

这些条件为第三次工程项目管理变革提供了坚实基础。拥有世界最大规模的中国石油化工、现代煤化工工程建设的各个领域，既是第三次变革的推动者，同时也是实践者。工程项目管理涉及的领域很宽，尽管同属工程项目管理，但是由于工程项目的性质和专业技术不同，工程管理的理念、方法、流程和市场有很大的区别。本书仅对现代煤化工、石油化工这两类工程项目管理，进行一些管理变革的思考和探索。在描述上，工程项目、工程建设及工程项目管理等这类术语，大多是指现代煤化工、石油化工工程项目，仅在个别情况下表达通用的工程项目，需要结合上下文判断。

石油化工和现代煤化工工程项目管理，有广义和狭义两个定义。狭义的定义主要包括从项目定义、项目执行到项目竣工验收的这一阶段。广义的定义包括项目前期投资决策、项目定义、项目执行和生产运行。这里生产运行是指石油化工装置，或者现代煤化工装置，按照工程设计的运行状态进行运转和操作。工程设计的产品方案会包括多种产品，每一种产品以及产品组合都会有对应的运行状态。

而生产运营的任务，是根据市场、原料、物流、环境等因素，选择经济效益最佳的产品组合、市场定位和销售物流方案，以及制定生产计划。生产管理的任务，是根据生产运营确定的产品生产方案和生产计划，组织生产资源，使装置按照工程设计和生产条件的最佳状态进行运转。

鉴于新中国成立初期能源和资源条件，煤化工在第一次变革中，作为能源生产，有一些简单的、小规模的工程建设项目，而石油化工则主要是在第二次变革中，得到快速发展。随着中国等新兴国家经济发展提速，国际能源格局发生变化，现代煤化工在近20年得到迅猛发展，并且主要以大宗化工产品为主。多个行业纷纷涉足现代煤化工，带动技术研发、装备制造、工程设计和工程项目管理取得长足进步。

第三次变革的序幕已经徐徐拉开，石油化工和现代煤化工工程项目管理，需要在新时代的新经济环境中，在理论创新、实践创新和基础工程技术培育等方面，实现新的突破，取得新的成就。

目录 CONTENTS

第一章

工程项目管理面临的形势分析

第一节　工程项目管理第一次变革的目标基本完成

新中国成立之初，对农业、手工业和资本主义工商业三个行业进行了社会主义改造。毛泽东在批示中指出："从中华人民共和国成立，到社会主义改造基本完成，这是一个过渡时期。党在这个过渡时期的总路线和总任务，是要在一个相当长的时间内，基本实现国家工业化和对农业、手工业和资本主义工商业的社会主义改造"。"三大改造"的完成，推动经济迅速恢复。

为了实现国家工业化，在第一个五年计划期间，在苏联的援助和帮助下，开始了大规模工业基础设施的建设。经过 30 年的建设，建立了比较完善的、体系化的工业体系。在大规模工业化基本建设的过程中，逐步形成了基本建设投资的管理体系，实现了从无到有的飞跃，完成了工程项目管理的第一次变革。这一管理体系，适应当时的国情，适应计划经济体制的管理要求，为我国建立完善的工业基础，实现国家工业化提供了制度保障。

20 世纪 70 年代末，第一次工程项目管理变革的历史使命基本实现，建立了比较完善的工业基础，形成了配套完整的、全产业链的工业体系。国家实现了工业化，完成了从一个积贫积弱的农业国，向一个现代化工业国的转型。实现了工业独立、国防独立和经济独立，为奠定大国地位打下了坚实基础。

为了满足人民群众日益增长的物质和文化需求，为了更大程度地发挥社会主义制度优越性，解放和发展社会生产力，中国开启了改革开放。经济体制改革，成为改革的重点领域。原有的计划经济体制，不利于发挥人民群众的积极性和创造性，需要探索和建立社会主义市场经济体制。这是一项前无古人的改革，社会主义市场经济条件下的投资体制改革，也没有现成的模式可以模仿。

工程项目管理第一次变革的成果，尽管存在不少阻碍生产力发展的因素，有不少限制资源优化配置的约束条件，有不少行政性壁垒限制了要素的流动，但是不能全盘否定。投资体制改革，不能从零开始，需要在对第一次变革成果进行扬弃的基础上，改革那些不适应社会主义市场经济要求的部分，同时继承和发扬那些经过实践检验的、有效的部分。

由此，开启了工程项目管理第二次变革的历程。第二次变革不同于第一次。原有基本建设投资管理体系，已经运行了数十年，并且在这一体系的支撑下，建立了完善的、配套齐全的工业体系，基本建设取得了实质性成绩。这给第二次投资体制与工程项目管理变革打下坚实基础，同时由于思维的固化和路径依赖，也给第二次变革带来阻力。

第二节　第二次变革的基础和目标

伴随着改革开放，工程项目管理经历了第二次变革。改革的不断深入，以及对工程建设实践的总结，使我们对社会主义市场经济规律的认识不断深化。比如十四大提出，市场对资源配置起基础性作用；十五大提出，使市场在国家宏观调控下，对资源配置起基础性作用；十六大提出，在更大程度上发挥市场在资源配置中的基础性作用；十七大提出，从制度上更好发挥市场在资源配置中的基础性作用；十八大提出，使市场在资源配置中起决定性作用和更好发挥政府作用，体现了我们对社会主义市场经济规律认识不断深化的历程。工程项目管理第二次变革，总体上主要有三个基础和一个目标。

一、第一个基础

第一个基础是建国初期建立的基本建设管理体系，以及社会主义工业化建设的丰富实践。这是中国历史上一个重要节点，是中国历史上最大一次产业升级，是中国历史上最大一次知识和技术转移，是中国历史上最大一次全面的管理培训和技术培训。

苏联帮助我们建立了第一个基本建设管理体系。这是一个全面的和系统的管理体系，包括管理制度、建设流程、工程设计、装备制造、资源组织等。

按照这个体系，中国从一个落后的农业国家，快速跨入现代化工业国家，奠定了门类齐全、配套完整的工业基础。工业基础的建立，使我国的产业结构和经济结构，实现了质的飞跃，这是中国历史上一次大的经济结构转型。

这次经济结构转型成功，是中国经济独立、政治独立的物质基础；是中国在被封锁的年代里，能够自力更生，艰苦奋斗，克服困难的基础；是经济稳定和社会稳定的基础；也是改革开放和经济体制改革能够成功实施的基础。

在这期间建立并完善起来的基本建设管理体系，在不断地建设实践中，使我们对基本建设的规律，有了最基本的认识，这些基本的认识，在实践的检验中，逐渐提炼和归纳形成的经验和知识，显然是工程项目管理第二次变革最主要的基础。

二、第二个基础

第二个基础是国际上成功和成熟的知识、经验和方法。西方经济发达国家，在数百年工业发展的历程中，积累了丰富的、成功的和成熟的经验和知识体系。现代工程项目管理萌芽于欧洲，在美国得到发展并形成知识体系。

20 世纪初，美国密西西比河最大的支流田纳西河流域，由于铜矿开采和冶炼，对环境造成严重污染和破坏，再加上农民在利益驱使下，过度种植棉花，造成土地贫瘠，使得这一地区从富裕地区，变成了最贫困地区之一，人均收入不到全国的一半。美国政府为了改变这一现状，根据罗斯福总统的建议，于 20 世纪 30 年代成立了田纳西河流域管理局（TVA），管理局设有董事会直接对总统负责，全面负责这一地区的治理和综合开发工作。管理局拥有设计、施工队伍，负责项目建设。

TVA 要解决的问题，包括：

过度开发的问题；

环境污染的问题；

矿产资源综合开发问题；

防洪和自然灾害的问题；

水资源综合开发利用问题；

一、二、三产业关系问题；

经济发展与环境保护问题；

当前任务与长远发展问题。

这些问题既有经济问题，又有技术问题；既是社会问题，也是自然问题；既关系到市场规则，又关系到政府治理；既涉及企业集团的利益，又影响普通民众的生活。面对这些错综复杂的问题，管理局开发出一套用于评估投资的技术经济论证方法。在流域开发过程中，把对项目投资的技术经济论证作为决策的前提。并且在使用的过程中，对这一论证方法不断完善，形成了一套相对固定的、格式化的制度文件。

TVA 使用这一方法对项目前期投资进行论证，评估项目投资的技术、经济、环境、财务等指标，在未来若干年的变化趋势。管理局依据对技术经济和建设方案的评估论证，有计划分期在田纳西河建设了 9 座大坝进行梯级利用，建设了火力发电厂、水力发电站、核能发电厂、太阳能电站，多种农业协同发展恢复植被。通过城市规划建设，指导帮助当地居民发展农业、林业、渔业、旅游业等。田纳西河流域的综合开发，取得了明显的经济效益(田纳西河流域人均国民收入 1980 年比 1933 年增长 44 倍)，使得这一地区成为三个产业协同发展、环境优美怡人的示范区。这种示范效应逐步扩散到其他领域和其他国家。

第二次世界大战结束后，形成了以苏联为首的和以美国为首的两大政治军事集团。冷战开始，美国为了在竞争中获取优势地位，在军事项目和太空项目上，逐步开发采用了一些管理资源、控制费用、协调进度的管理工具。

这些军事项目和太空项目，都是技术复杂、动用资源量极大、费用极高且工期长的项目。为了有效协调研发资源、实验资源、制造资源、施工资源和管理资源，逐步开发采用计划评审技术、网络图技术、甘特图技术等管理理论和管理工具。这套管理体系为这些项目的成功，奠定了坚实基础。

20 世纪 50 年代末，为了把这套管理体系从军事和太空领域推广到工业领域，形成了现代项目管理知识体系的基本框架。现代工程项目管理体系，经历了一个发展和完善的过程。在实践中，不断吸收其他学科的理论、方法，形成了一个独立的理论体系和方法论。

1979 年我国派出代表团考察工业发达国家的投资效果。一个主要的收获是在项目建设前期，对拟进行生产的产品的市场需求量、生产能力、产品的竞争力，企业采用的工艺、装备、建设顺序、物料、动力供应、资金筹措、项目借款的偿还能力、项目的获利能力等进行详细的研究。

1979 年后，可行性研究的概念、内容方法逐步介绍到我国。联合国派专家来我国讲解联合国工发组织编写的《可行性研究编制手册》，作为一项技术援助，还举办了学习班帮助我们培养人才。我国也委托国外知名的咨询公司，帮助我们编制一些大型项目的可行性研究报告，在实践中学习可行性研究的方法。

三、第三个基础

第三个基础是中国工程项目管理的实践和创新。在七十年的历程中，中国工程项目管理从无到有，逐步发展和完善。中国是世界上唯一既学习和实践了苏联的基本建设管理模式，又学习和实践了欧美西方国家的工程项目管理模式的国家。

这是我们独特的和宝贵的财富。中国是发展中国家，也是发展最快的国家，这就需要大量的投资，需要大量的工程项目管理资源，实现和完成这些投资。现在我们的炼油能力已经超过每年 8 亿吨，是世界上最大的炼油国。聚乙烯和聚丙烯的产能已经超过每年 5000 万吨，是世界上第二大生产国。中国还建成了世界上最大的煤化工产业，包括煤制烯烃、煤制油品、煤制甲醇、煤制化肥等。

在建设这些工程项目的实践中，不断地把工程项目管理的理论体系和具体的工程项目建设相结合。20 世纪 80 年代末开始，一批大型的中外合资石油化工联合企业开始建设，如中国石化和英国石油公司合资建设的上海赛科项目、中国海洋石油集团公司和荷兰皇家壳牌石油公司合资建设的北海联友化工一体化项目、中国石化和德国巴斯夫集团合资建设的南京乙烯项目等。这些大型的石化联合装置，在项目前期策划、工程设计、物资采购和施工建设过程中，由中外双方派人组成联合管理团队，共同对项目的重大事项进行决策，共同管理项目的工程建设。

这种联合管理团队，既便于合资双方的工作沟通，也给双方交流工程项目管理理念和管理经验提供了便利条件。外方对项目前期很重视，在前期工作中投入的大量资金和时间反复论证，必须经过规定的流程进行审核。前一个审核不通过，后面的工作不允许开展。对工程设计的重视程度，也是值得中方学习的。他们以控制全寿命周期成本的理念，对工程设计的标准、范围和配置进行非常认真细致的审查。

这些大型石化联合装置的建设，为中国培养了一大批石油化工项目管理人才。这些人散布在全国各地，参与、领导石油化工项目和现代煤化工项目的管理。他们不仅带去了工程项目管理的理念、知识和经验，而且还带去了基本的工程项目管理程序、合同范本等资料。

这些第一批参与合资项目建设的人才，在全国各地的石化工程项目和现代煤化工工程项目建设过程中，又培养了第二批人才、第三批人才。经过近30年的工程项目管理实践，已经积累了丰富的管理经验。这些经验，有些经过提炼和总结归纳，已经形成中国工程项目管理理论体系的一部分，有些被固化为工程项目管理的流程，指导具体的工程项目管理。

四、一个目标

中国工程项目管理第二次变革的目标，是适应社会主义市场经济，满足经济体制改革的要求。

实现目标是一个过程。社会主义市场经济是一项前无古人的伟大创举，没有现成的教材，没有现成的模式，可供我们学习，可供我们参考。

社会主义市场经济下的经济体制改革，也是一项创举。改什么、革什么，并没有明确的标准。既不能对过去的东西全盘否定，也不能对西方的东西全盘接收。这其中既有对改革目标认识的模糊，也有新旧势力和利益集团的博弈。但是，改革的大势只能向前，没有后退的可能，没有人可以阻挡历史的车轮。

事物总是在矛盾中产生，在矛盾中发展。原有的经济管理方式，不利于生产力的发挥。落后的生产力，不能满足人们日益增长的物质文化需求，这就是矛盾。这个矛盾必然会产生改革这件事物。改革的发展也是在矛盾中进行的。一开始改革的力量比较弱，改革的进程比较慢；随着改革的进展，改革的力量逐渐积累，阻力和动力相当的时候，可能会出现反复。等到改革的力量取得优势的时候，改革的进展就会加快。

在投资、工程项目管理体系的变革中，这种趋势得到了充分的体现。最初引入、学习西方工程项目管理理念和方法的时候，我们还是抱着好奇、虚心的态度。待到进行实质性改革的时候，阻力还是相当大的，以至于出现明改暗留、假改真留的现象。近些年变革的步伐明显加快，简政放权取得很大的、实质性的进展。取消了大部分的政府审批事项，政府部门由管理型向服务型转变。

工程项目管理体系第二次变革，已经进入攻坚期。产品价格放开的目标已经接近实现，但是要素价格，特别是一些关键要素的价格，仍然有不少改革的空间。比如，金融、土地、资源、能源等要素，还在某种程度上受到管制。民营企业和国有企业，还不能完全在一个平台上竞争等。

第三节 石油化工和现代煤化工工程项目管理转型

第二次工程项目管理的变革，经历了四十多年的历程。在这四十多年的变革过程中，随着对社会主义市场经济的认识不断深化，对工程项目管理的认识从初步的认识发展到比较深刻的认识，对工程项目管理的概念也从模糊发展到现在的比较清晰。工程项目管理概念的清晰，包括内涵的更加清晰和外延的更加全面。

工程项目管理在变革的过程中，创造了辉煌的业绩。一批世界级炼油化工一体化项目，陆续建成投产。并且，这些巨型项目(Mega project)以前通常是央企或者跨国公司的领域，现在中国的民营企业已经快速成长，并且已经改变了市场的格局。一批大型现代煤化工项目的建成，已经对石油化工产品市场产生重要影响，形成了较强的市场竞争能力。在石油化工和现代煤化工项目的带动下，一批工程技术、装备制造技术获得突破性进展，有些技术已经处于国际先进水平。

中国经济发展，已经进入提质增效的新常态。新常态伴随着国际地缘政治格局剧烈变动，以及世界百年未有之变局。经济全球化和逆全球化的矛盾处于胶着状态。中国改革进一步深入，开放进一步扩大，中国经济的发展，会推动中国石油化工和现代煤化工行业加速融入全球化，同时与之相关的工程项目管理也会进一步融入全球化。

经济发展新常态，中国经济的发展不会再像上一个阶段持续高速增长，会逐步转入中低速增长。这种转变，不仅仅是表面看到的增长速度的高低，而是低质量速度型向高质量速度型的转变。如果用模型表示这种速度的变化，可以表示为：经济增长速度=经济增长质量×经济增量/经济存量。从这个公式可以看出，如果经济增长质量不高，即使经济增量/经济存量较高，经济增长速度也不一定很高。相反，如果经济增长质量较高，即使经济增量/经济存量较低，经济增长速度也会较高。

石油化工和现代煤化工行业，会面临由投资规模型转向投资质量型，由投资速度型转为投资效率型，项目管理由形象粗放型转入内涵精细化，投资决策由感性集权型转变为理性科学型。由原来只关注“经济增量/经济存量”一个指标，转变为兼顾“经济增长质量”和“经济增量/经济存量”两个指标。

第四节　转型中面临的问题

这是工程项目管理面临的新环境、新条件、新要求。就现代煤化工和石油化工工程项目管理而言，在转型中还存在几类问题：

一、法规层面的问题

十九大报告指出，使市场在资源配置中起决定性作用，和更好发挥政府作用。市场主要通过价值规律调节资源配置，通过竞争机制实现对资源的配置。市场是资源配置最有效率的途径。在解决需求的无限性和资源的有限性的矛盾时，市场是最佳的选择。当然，市场机制的调节作用需要有前提，即要素可以在工程市场中自由流动，市场主体可以自主作出决策，以及稳定、安全、开放、公平的法治环境等。

十八大以来，随着政府职能转变和政府机构改革，已经取消了涉及投资的大部分行政审批，或者由中央政府下放给地方政府，或者投资审批改为核准制。经过几年的梳理，中央政府层面核准的企业投资项目消减比例已经超过 90%。除目录范围内的项目外，一律实行备案制。投资项目管理负面清单制，在很大程度上给政府部门过度任意干预市场活动设定了限制，扩大了企业的自主权。

和中国经济新常态的要求相比，制度层面仍然有较大的改进空间。有些制度缺乏明确的解释和说明，造成执行部门的解释权过于宽泛。部门的条块分割，不同的政府部门对同一个制度的解释相差很大，造成企业无所适从。

比如工程项目的建设，归口住房和城乡建设部管理。石油化工项目建设、现代煤化工项目建设，和同属于住建部管理的住房和基础设施建设，虽然都属于工程建设这个大类，但是差别还很大的。

2019 年 4 月 23 日修订发布的《中华人民共和国建筑法》（以下简称《建筑法》）第二条“本法所称建筑活动，是指各类房屋建筑及其附属设施的建造和与其配套的线路、管道、设备的安装活动。”

这里虽然提到了“线路、管道、设备的安装活动”，但是，这里是指的各类房屋建筑的附属和配套的线路、管道和设备。

石油化工工程项目和现代煤化工工程项目，与建筑法所管辖的范围有根本的区别：

石油化工工程项目和煤化工工程项目，虽然也有房屋建筑，但是恰恰相反的是，这些是与管线、设备等生产装置配套的房屋建筑；

在化工装置、煤化工装置等工业设施中，设备管线无论从功能上、价值上还是从数量上，都要远远大于房屋建筑。

《建筑法》第七条规定“建筑工程开工前，建设单位应当按照国家有关规定向工程所在地县级以上人民政府建设行政主管部门申请领取施工许可证”。

对于《建筑法》所定义的房屋建筑类工程项目建设，这一条的规定是十分清楚的。但是对于石油化工工程项目和现代煤化工工程项目，对这一条的解释就比较宽泛，是指的整个工程项目的开工还是仅指建筑工程开工？如果是指整个工程项目的开工，建筑作为其中很小的一个部分，在整个项目开工的时候，按照计划，施工图设计可能还没有完成，或者还没有到选择施工单位的时候，这样就不具备第七条规定的领取建设项目施工许可证的条件。如果以这一条法律条款作为硬约束，那就只能违背建设规律，调整建设计划来适应。

2019年4月23日修改发布的《建设工程质量管理条例》（以下简称《条例》）第四条规定“县级以上人民政府建设行政主管部门和其他有关部门应当加强对建设工程质量的监督管理”。第十三条规定“建设单位在开工前，应当按照国家有关规定办理工程质量监督手续”。第四十三条“国务院建设行政主管部门对全国的建设工程质量实施统一监督管理。国务院铁路、交通、水利等有关部门按照国务院规定的职责分工，负责对全国的有关专业建设工程质量的监督管理。”

《条例》把铁路、交通、水利等专业建设工程质量的监督责任划归相关相应的部门。石油化工和煤化工工程质量监督，因为没有相应的主管部门仍归住建部门负责，并非其专业性不强。

工程质量监督与工程质量监理，是如何划分关系界面的并不明确。

《条例》第四十六条规定“建设工程质量监督管理，可以由建设行政主管部门或者其他有关部门委托的建设工程质量监督机构具体实施。

从事房屋建筑工程和市政基础设施工程质量监督的机构，必须按照国家有关规定，经国务院建设行政主管部门或者省、自治区、直辖市人民政府建设主管部门考核；从事专业建设工程质量监督的机构，必须按照国家有关规定，经国务院有关部门或者省、自治区、直辖市人民政府有关部门考核。经考核合格后，方可实施质量监督。”

质量监督机构大体上有两类：一类是作为政府部门附属或者管辖的事业单位；另一类是由企业或者协会组织成立，从事“专业”工程质量监督的机构。

《财政部、国家发展改革委员会关于取消和停止征收100项行政事业性收费的通知》规定自2009年1月1日起，全国统一取消工程质量监督费。

原有的事业单位性质的工程质量监督机构，也许可以有归属考核的主管部门。那些企业和协会成立的工程质量监督机构，就难以找到考核的主管部门。不经过考核或者考核不合格，是不能从事工程质量监督工作的。

无论是事业单位性质的工程质量监督机构，还是企业协会性质的工程质量监督机构，质量监督费原来可能都是维持他们运行的主要收入。国家取消了收费，他们还要继续运作，只能采取其他的办法了。

地方政府也都相应地出台了投资和工程项目建设方面的制度和规定。这些法规、制度和规定，所形成的法规体系和政策环境，形成了明显的或者暗含的行政壁垒。

二、协调方面的问题

大型的石油化工项目和现代煤化工项目建设，是一项庞大的和极其复杂的系统工程，对外部环境和政府监管服务要求较高。政府部门由于职能分工，形成了条块分割。这种条块分割，有时会出现边界模糊。这种边界模糊包括平行职能模糊和垂直职能模糊两类。

有的事情多个部门都要管，有的事情又没有部门愿意管。任何一个政府监管手续的缺失，都有可能给工程建设项目管理带来违法违规的风险，或者给工程建设项目的进展造成障碍。

比如《建设工程消防监督管理规定》规定“公安机关消防机构依法实施工程消防设计审核、消防验收和备案、抽查，对建设工程进行消防监督”。

消防的职能由原公安部划归新的应急管理部后，消防设施设计、验收的职能如何划分并未明确。

石油化工项目和现代煤化工项目是否要配套建设人防设施，以及建筑物是否要配套建设人防地下室，这些问题在各地执行的标准和要求不尽相同。

一个石油化工项目或者现代煤化工项目，通常涉及发展改革、自然资源、生态环境、安全生产、水利、交通、农林业、卫生健康、应急管理、住建、规划等部门。企业需要一个部门一个部门地办理手续，一个部门一个部门地提交材料，然后再一个部门一个部门地取回批复文件。任何一个部门受阻，不仅整个工程项目的进展受阻，而且也会影响其他部门手续的办理，有时候就很容易出现《第二十二条军规》所描述的现象。

除了政府部门的协调问题外，行业协调也是一个问题。动力供应，是石油化工项目和现代煤化工项目的生命线。稳定高质量的动力供应，不仅关系到项目建设和生产运行的安全和质量，而且是企业运营成本的重要组成部分。石油化工企业和现代煤化工企业需要的动力，主要是电力和蒸汽。

电力企业，特别是电网企业具有区域垄断性。这种区域垄断性，如果和地方保护主义结合起来，其所造成的危害不仅仅是影响工程项目的建设和煤化工企业的运营，而且会对市场竞争机制造成损害，严重的情况可能阻碍区域的经济发展。在各行业的改革中，电力改革始终是一个比较困难的行业。在改革的攻坚期内，这一多年的痼疾正在被破解。

石油化工企业和现代煤化工企业，为了保障装置“安、稳、长、满、优”运行，一般都建有自备动力站，动力站的设置原则一般是“以热定电”。其主要目的首先是提供各等级动力蒸汽，同时为了优化能量利用，配套设置发电设施。企业自备动力站和电力企业的电源企业在功能、目的和设置原则上均不相同。

在电力产能过剩的形势下，自备动力中心的建设和运营受到限制。而发电企业和石油化工、现代煤化工等用电企业之间的交易，中间隔着一个输配电网，电力交易的市场就衍生出诸多障碍。

三、市场机制问题

经过四十多年的改革，随着对社会主义市场经济规律认识的不断深化，市场对资源配置的决定性作用，已经被大多数人认可。市场竞争机制从初步建立到逐步完善，已经取得显著成效。

随着政府职能转变和政府机构改革，特别是十八大以后，转变和改革的速度明显加快。在投资和工程项目建设领域，政府审批事项大幅度减少，审批的流程和时间缩短，采用信息化技术审批的效率大大提高。政府干预市场的范围和力度受到明显的约束。市场机制的调节作用明显加强。

但是，按照十六大提出的到2020年建成完善的社会主义市场经济体制的改革目标，面对中国经济发展的新要求、新目标、新环境，市场机制仍存在改进空间，具体有如下几类：

1. 市场机制不健全与市场秩序不规范

市场体系不完善，仍然存在准入限制、行政性垄断和不正当竞争等问题。政府部门对经济活动的直接和间接干预和管制仍然较多。部分行业和领域的显性和隐性准入限制，仍然没有完全消除，迫于国家改革压力，有些限制由明转暗，由制度性转变为规则性。

行政性垄断和自然垄断仍然比较突出，有些地方政府以垄断资源，强行干预企业的投资决策和经营管理。工程项目建设过程中，面临的前置审批、核准、备案、认证、报备等名目繁多。

以不正当手段谋取经济利益的现象还普遍存在。生产要素市场发展滞后，要素闲置和大量有效需求得不到满足并存。政府掌握垄断资源，抑制了资源的有效配置，导致生产要素不能更好地融入市场，进行更好分配。市场规则不统一，部门保护主义和地方保护主义大量存在。个别地方政府为了单纯地GDP增长和项目投资，默认纵容高污染项目，设置行政壁垒。市场竞争不充分，没有良好企业退出机制。

具体的执行层面，变相设置不合理，甚至不合法规定的现象比较普遍。有些行政机关或者其授权的组织，滥用行政权力限制竞争。有些部门默许某些机构或组织，借用其行政权力限制市场竞争。

部分具有自然垄断性的企业，和政府部门的关系模糊、边界不清，常常代替政府行使权力。甚至有个别垄断企业存在强制定价、捆绑销售、串谋等不正当竞争行为。

有些地方政府支持的机构，假借特殊行业法规，滥用行政权力，直接干预工程项目建设和企业经营，设置规则限制竞争。比如特种设备检验，在有些地区基本形成了领地割据。没有当地机构的准许，企业不能擅自引入外地企业和机构，限制了要素的自由流动。

2. 诚信体系还没有完全建立起来

诚信体系是市场竞争机制的基础，市场经济就是诚信经济。建立诚信体系，需要政府、社会和市场本身的协同努力。失信成本不高，监管机制不健全，给有些企业、组织以可乘之机。现有的市场机制，还没有建立起完善的诚信体系防火墙。失信者仍然可以通过各种手段，屡屡得手，比如通过重新注册、变更名称、变更地址等。

有些企业采取价格欺诈、商业贿赂、侵犯专利、虚假宣传等不正当竞争手段，扰乱市场秩序。有些企业以低于成本的价格或者附条件交易，钻招投标制度的空子。有些企业采取低价中标、高价索赔的不正当手段，在工程项目实施过程中，以进度进行要挟。有些企业和建设单位串通合谋，在招标文件中，设置不合理条款，限制潜在竞争对手。有些企业借助自身的优势地位，以暗示或者明示的方式排斥竞争对手，利用招标制度的不足，获取工程合同。

有些工程项目咨询单位，为了满足业主的要求，为了获得合同，置基本的执业准则于不顾，不做基本的研究和调查，为了证明业主的决策，拼凑材料编辑项目可行性研究报告。有些工程咨询机构，为了帮助业主审批项目，提供虚假材料，编造工程项目环境影响报告。

在有些工程项目招标评标过程中，个别评委缺乏公正严肃的态度，不认真研究投标文件，仅凭感觉或者感情进行打分，不利于公平竞争。有些招标代理机构，为了降低招标成本，不合理压缩评标时间，造成评标委员会仓促评标、草率评标，失去了择优汰劣的竞争作用。

有些地方政府、国有企业，拖延干预僵尸企业的退出，采取显性和隐性的补贴政策，以各种堂而皇之的理由，拖延式救助。主要领导得过且过，不作为不担当，把问题留给后任。客观上扰乱了市场秩序，限制要素流动，造成虚假现象，损害社会诚信。

有些业主在招标文件中，给工程项目建设设置不合理工期，投标企业为了中标而响应，不仅给合同执行造成困难，而且对项目的整体计划和投资也会产生严重影响，人为制造不必要的纠纷。

四、投资决策程序问题

1. 政府决策程序问题

经过数十年的引进、吸收和消化，在原有基本建设管理知识和工程实践的基础上，工程项目的投资决策流程基本上形成。国家出台一系列文件、制度和配套的技术方法，推广科学的投资决策方式。《国务院关于控制固定资产投资规模的若干规定》第二条规定："建设项目必须先提出项目建议书。项目建议书经批准后，可以开展前期工作，进行可行性研究，可行性研究报告必须达到规定的深度。经过有资格的咨询公司评估，提出评估报告，再由国家计委审批。”首次将可行性研究作为投资决策的前置条件，并规定了明确的评估决策流程。《国务院关于投资体制改革的决定》第二条规定“提高投资决策的科学化、民主化水平，建立投资决策责任追究制度”，首次明确对投资决策实施责任追究制度。

但是，由于体制机制的原因，以及投资决策流程缺乏硬约束，造成投资决策感性化、随意化和集权化。

政府在投资决策和工程项目管理中，究竟应该扮演什么角色。有些地方政府出于对 GDP 的盲目追求，在招商引资的工作中，为投企业设定投资规模。有的甚至为企业指定产品方案。有的地方政府出台具有地方保护性质的政策，限制外地相关企业参与竞争。有的地方政府以垄断资源为要挟，迫使企业接受一系列违背市场规律的行政约束。这些行为都是违背经济规律，违背国家政策的。从中国地域经经济的发展也可以看出一点规律，经济发达地区这类行政壁垒和行政约束，要比经济欠发达地区少得多。这应该算是经济发展不平衡的原因之一。

有的地方政府，在吸引投资的时候会承诺很多条件，一旦投资项目落地，便会提出很多苛刻条件。这时候投资企业退出的成本过高，大多数情况下只能委曲求全。正所谓“轻诺必寡信”，不仅破坏了市场经济的诚信基础，还有损于政府的公信力。

2. 企业决策程序问题

国有企业投资决策失误，已经造成严重损失。盲目投资、重复投资、可行性研究不充分、投资目标偏离、忽视风险分析与应对、不注重市场趋势研究、急功近利等，是国有企业投资决策失败的普遍原因。投资行为短期化、行政化、过度投资等，行政干预下的内部人控制成为国有企业特有的治理现象。

有些企业的重大投资决策，缺乏民主科学的决策程序，缺乏客观的市场分析、风险分析，缺乏前期评估和中间评估，缺乏止损的机制。有些企业的固定资产投资，随着主要领导的变动，频繁调整。

某企业投资建设煤化工项目，在对产品市场调查研究的前提下，盲目决定产品方案；在对原料品质和供应缺乏调查研究的基础上，盲目选定工艺技术，盲目确定厂址选择方案。并且在未验证投资效果的情况下，连续投资多个项目，给国家造成近千亿的损失，形成了一大批无效资产，人为造成多个僵尸企业。

该企业项目可行性研究报告，在编制单位的编校审一层一层地过关，评估单位和建设单位的专家评估也顺利通过。如此巨额大的资金，投在建设单位从未涉及的、全新的领域。可行性研究报告中，应该有风险和存在问题的分析；专家组也应该有对投资风险和建设风险的评估；建设单位的内部控制和财务，应该有相应的风险应对措施；贷款银行风险评估，应该比咨询单位和专家组更严谨慎重；投资方董事会，应该站在为股东负责的态度表决；监事会也应该起到对决策流程规范性的监督作用；这样巨额的资金，投资在一个陌生的领域，其上级主管部门也应该尽到监管责任。

在这一系列的决策流程中，如此多的参与方，不止一级的监督和监管，资源被如此配置，说明决策机制和决策流程没有起到应有的作用；说明投资决策流程和监督机制的虚化，不只是一个企业的问题；说明国家有关固定资产投资的要求，没有真正落实。

这种情况，在国有企业多多少少都会存在。有一年甲醇价格高涨。某企业领导认为有利可图，决定投资建设煤制甲醇装置。企业根据领导要求，要求咨询单位限期完成可行性研究报告编制，规划部门很快组织专家评估，并完成了审批手续。几乎同时，工程设计已经全面展开，为了加快进度采购施工也同步进行。

由于支撑甲醇价格的是偶发因素，高价格仅仅持续了不到两年，即开始跳水。但是此时，大部分的长周期设备已经制造完成，现场安装已经全面铺开，投资已经完成接近50%。可行性研究报告所预测的价格，在项目还没有建成时，就已经发生重大调整。这种情况下，不管投资方案是否可行，由于没有止损机制，也只能继续干下去。

该企业有非常完善的投资决策流程，有非常严谨的评估审批制度。但是，似乎这些流程、制度没有起到应有的约束。也很少有因为投资决策而被追究责任，因为判断投资决策是否失误，实在不是一件简单的事情。

一般情况下，机会研究、可行性研究、决策投资的工程项目，应该是一个金字塔结构。也就是需要从大量的机会研究中，选择一部分进行可行性研究，经过可行性研后，能够值得投资的项目是极少数。

现在企业里这三者的关系，可能是柱状结构。机会研究、可行性研究和决策投资的项目，数量几乎是一样的。有的企业机会研究报告和可行性研究报告，可能会多于决策投资的项目。那多出来的部分，大部分是应付类的文件而已。政府部门有要求，不得不做一个姿态，不是领导本意要投资的项目。

国内投资如此，国外投资决策失误的案例也不少。中铁建与沙特政府的麦加轻轨项目亏损 41 亿元，中电投缅甸水电项目亏损 73 亿元，石油化工海外投资项目损失累计超百亿元。

可行性研究变成了可批性研究、可行性论证。

投资企业急功近利，缺乏长远战略，一味跟风，缺乏创新。市场上甲醇价格上涨，立即投资煤制甲醇，看到聚烯烃有利可图，一窝蜂投资做煤制烯烃。其结果是，一本可行性研究报告吃遍天下，一套图纸全国通用。市场好的时候，各企业利益共享，市场处于低谷时，开始比拼价格，完全靠“天”吃饭。

市场机制的不完善，投资方或者建设单位在市场上占有优势。一方面，咨询设计单位、工程公司为了能签署合同，往往放弃客观科学的工作原则，以博取更好和更长远的合作；另一方面，由于市场竞争的激烈，建设单位往往把咨询费压得较低，咨询设计单位考虑成本，也不愿意组织更多的力量，进行深入的调查研究。这两种因素结合在一起，在建设单位意愿的主导下，咨询单位以最低的成本，编辑出来的可行性研究报告，怎么能作为投资决策的基础呢？

五、对工程项目管理的认识问题

改革开放以来，我们建设了一批世界级的石油化工和现代煤化工项目，积累了丰富的管理经验，形成了大量管理成果，总结出不少普遍的管理理论。但是，对石油化工和煤化工工程项目的管理，并没有形成统一的认识。

工程项目管理，属于社会科学的范畴。很难用量化的指标来衡量，尽管有不少理论探讨了一些量化评估的方法，比如项目成熟度模型，也仅限于理论层面的研究。除非有标志性、创新性的建设成果或者技术成果，一般还是感性的评价。比如港珠澳大桥解决了多个世界级的工程难题，得到国际工程界公认。

一般的石油化工和现代煤化工工程项目，对于整个工程项目中的某一单项工程，或者某一单项技术，或者某一套设施的定量评价，在某些特定的范围内，还是有一些量化评估的指标。比如最大的空分装置，可以根据制氧量来对比；最大的气化炉，可以用合成气产能、几何尺寸、转化效率、处理煤量等指标进行量化评估。

但是，对于整个工程项目的评估却难以量化。传统的方法是：尽量找能量化的指标，比如进度、投资、产能、安全工时、质量优良率、工程形象等，这些指标直观形象、通俗易懂。所以，在速度型、规模型的工程管理模式下，这些指标是主要的评价指标。在今后的一段时期内，这些指标仍将是评价工程项目管理的主要指标。

有人认为：工程项目的建设进度一定要快。因为从融资成本和投资效率分析，缩短建设周期，就意味着可以少融资，可以短期融资。建设进度快，投资可以早获得回报，可以早得到收益。

有人认为：工程项目建设进度应该有一个合理的工期。工程项目管理是科学，有其自身的规律，违背工程项目管理的规律，必然要带来其他的问题。比如工程质量问题、生产安全问题、定义模糊问题等。这些问题会影响整个工厂在全寿命周期内，不能在最优状态运行，会影响整个投资的长期收益率。

有人认为：工程项目管理需要形象进度。工程项目建设进展的形象直观，各工程承包单位在施工现场可以相互有比较，容易激发工作热情。各层级的管理团队在现场容易管理，有抓手，好理解，并且可以通过形象进度，促进项目建设的整体进度。

有人认为：工程项目管理不应过度关注形象进度。形象进度，不能准确全面反映项目进展。过度关注项目形象进度，反而会聚焦那些外表的假象，忽视项目的实质进展，弊大于利，况且形象并不能说明什么。

几乎在工程项目管理的所有方面，都没有统一的认识。比如招标，有的主张低价中标，有的反对低价中标；有人主张大市场小业主，有人主张业主应该配齐力量，加强全面管理；有的主张国产化，有的反对国产化；有的主张装置规模尽可能大，有的反对一味追求规模，而应该关注装置的柔性生产。每一种认识，都有一套论据和理由。

高质量的发展，首先需要有高质量的理念。要有对投资和工程项目管理高质量的认识。政府部门的认识，对高质量投资和高质量工程项目管理的作用更大。在政府的认识和企业的认识这对矛盾中，政府的认识是主要矛盾。

中国经济的发展充分证明了这一点。国家转变发展理念，转变发展思路，实行改革开放和经济体制改革，国民经济就得到迅速发展。国家改革投资体制，发挥市场在资源配置中的决定性作用，投资和工程项目管理就得到迅速的提升。东部地区的经济发展质量比较高，和当地政府的认识和定位有关。

第二章

石油化工和煤化工工程项目管理

第一节 新中国煤化工和石油化工工程建设

新中国成立七十年的历程，也是我国石油化工工业、煤化工工业快速崛起的历程；是石油化工、煤化工实现跨越发展的历程；是从无到有、从弱到强的发展历程；是从技术引进到自主创新的历程；是从主要依靠进口到成为化工品主要供应国的历程；是从一无所有，到成为世界最大的石油化工建设能力输出国的历程。

新中国成立之前，中国只有玉门炼油厂、独山子炼油厂等规模很小的原油加工厂，炼油基础十分薄弱，炼油能力只有每年不到十七万吨，现在炼油能力接近九亿吨。20世纪50年代，通过引进苏联的技术和装备，在甘肃兰州建设了新中国第一座现代化炼油厂。60年代，国家组织以“五朵金花”为代表的重大技术开发，在催化裂化、催化重整、延迟焦化、炼油催化剂等技术上，取得突破。

改革开放进一步促进炼油技术合作与创新，在劣质重油稠油加工技术、清洁燃料生产技术、催化剂技术等方面，已经达到世界先进水平，成为炼油技术和炼油工程建设的主要出口国之一。大型炼油厂、大型炼油化工一体化联合装置的设计建设，也已经走在了世界前列。炼油化工的投资主体，已经由单一的国有企业，发展成为国有企业、合资企业、民营企业三足鼎立的局面。

20世纪60年代初建设的甘肃兰州第一套裂解气制乙烯装置，是中国石油化工项目的起点。随后，通过引进大型化肥、化纤、合成材料技术，开始了石油化学工业的布局。经过六十余年的发展，石油化工总产能跃居世界第一，其中仅石油基乙烯产能突破每年3000万吨，形成了配套齐全的石油化工产业链，建设了多个世界级炼油化工一体化产业基地。超千万吨级炼油和超百万吨级乙烯的一体化基地，在全国已经超过20个。世界上约有超过一半的合成纤维产自中国。

根据中国的资源禀赋，发展现代煤化工，无论是在技术研发，还是在工程建设、生产能力等方面，都已经稳居世界第一。干煤粉气化技术、水煤浆气化技术、甲醇制烯烃(MTO)技术、甲醇合成技术、水煤气变换技术等，已经居世界先进地位。煤化工已经成为替代石油，制取化学品的重要市场力量。其中煤基烯烃产能，已经超过每年一千万吨。第三代甲醇制烯烃技术，已经开始投入工业应用，甲醇单耗将进入2.8时代。新型合成气制甲醇技术，单程转化率将比国际上的主流技术提高一倍。国产甲醇合成催化剂，在百万吨级合成气制甲醇装置上成功应用。

在装备制造方面，大型反应器、大型气化炉、大型甲醇合成塔、大型空分成套装备、乙烯三大机组、大功率防爆电机等，不仅在国产化方面取得突破，并且已经在国际市场上占有一席之地。在分散控制系统(DCS)的设计和制造方面，已经打破国外品牌的垄断，在石油化工装置、现代煤化工装置上，取得良好的应用业绩。国产大型挤压造粒机，在煤化工装置上成功应用等。

新中国成立之初，仅在沿海个别地区分布几个小规模化工厂，基本没有化工项目建设的专业队伍。今天，我们已经在石油化工、现代煤化工工艺技术研发、装备技术研发、催化剂研发、工程设计、工程施工等各个领域，形成了上下游产业链完整的工业体系。以工程设计为龙头的总承包模式，在工程建设的实践中，不断完善和升级，已经成为国际上最大的石油化工总承包国家。

“一带一路”倡议，为中国的石油化工和现代煤化工走向世界插上腾飞的翅膀。倡议的重要内容之一，是产能合作。中国经济七十年的发展，特别是改革开放以来经济高速发展，形成了强大的石油化工工程建设能力。从工艺技术开发、工程设计、装备制造，到工程施工，形成了完整的、全产业链配套的工程建设能力。已经成为东南亚、中东、中亚，及“一带一路”沿线国家，能源化工项目建设最主要的力量。

中国石油化工、现代煤化工工程项目管理体系，是在苏联基本建设管理模式的基础上，经过中国制度和文化的改造，融合了西方经济发达国家工程项目管理的理论体系和管理工具，形成了独具特色的、中国式的工程项目管理体系。这是一种不可模仿、不可复制的模式，是中国石油化工、煤化工工程项目管理的核心竞争力。

在取得巨大成绩的同时，也要清醒地认识到，在石油化工、现代煤化工工程项目管理方面，还存在很多不足。不仅和国际上先进的石油化工工程项目管理相比有差距，而且和国内其他行业工程项目管理相比，也有很多不足之处。比如和跨国能源公司相比，在管理体系的系统化、理性化、科学化方面，我们的管理体系还存在碎片化、感性化、官僚化的问题。和国内的路桥工程项目、航天工程项目相比，石油化工工程项目还存在研发投入不足、创新能力不强等短板。

中国是世界最大的贸易国，最大的贸易顺差国。在其他工业品实现贸易顺差的同时，石油化工行业却是贸易逆差，在新中国成立七十周年的前一年，还有 2833 亿美元的贸易逆差。这说明我们还有不少化学品不能生产，在功能性合成材料、专用化学品、高端专用料、精细化学品等方面，我们无论在技术研发，还是生产能力方面，都有不小缺口。在催化剂的研发和生产方面，仍然处于跟跑的阶段。

我们的炼油厂、化工厂，在能耗、物耗指标上，和发达国家、跨国公司相比，还有不小差距。目前，主流的化工技术，仍然需要从国外引进，比如聚乙烯、聚丙烯技术。化工产品的精细化率，还有较大提升空间。有些高端、高附加值的装备，还主要依赖欧美公司，比如高压聚乙烯的反应器、压缩机等。某些细分领域的工艺技术和工程技术，差距较大，有不少还处于空白状态。

工程设计所使用的各类软件，基本上被国外公司垄断。无论是工艺计算与设计，还是容器设计、换热网络设计，以及项目管理的软件等，还很少能看到国产软件应用的案例。甚至有些单位，在招标文件中把使用国外软件作为投标的门槛，作为管理先进的标志，作为可以炫耀的资本。有些建设单位，还指定要采用国外的控制系统和装备。这也说明，在这些方面还存在需要改进提高之处。

改革开放 40 多年来，中国经济发生了翻天覆地的变化。已经由原来的紧缺型经济，进入高质量发展的新常态。在新常态下，经济发展的环境、要求和条件都发生了新的变化。发展方式需要从规模速度型，转向质量效益型，经济结构调整需要从增量扩能为主，转向调整存量、做优增量并举。发展动力需要从依靠资源和廉价劳动力等，转向创新驱动。对于现代煤化工和石油化工工程管理，这一要求显得尤为迫切。

投资作为中国经济增长的主要引擎之一，一直发挥着关键作用，必将继续发挥重要作用。固定资产投资在投资中占了大部分。固定资产投资主要通过基本建设项目(工程项目)实现。经济发展的转型，作为实现固定资产投资的主要形式——工程项目管理，必然面临新的要求、新的环境和新的目标。要适应中国经济发展的新常态，工程项目管理必须要在原有的基础之上做出变革。

第二节　第一次变革：建立基本建设管理体系

一、基本建设管理模式的选择

中国的近代史是一段被侵略剥夺的历史，是一段赶走侵略者和解放中国人民的历史。中华人民共和国成立之初，在经历了长期的动乱与战争的情况下，河山破碎、满目疮痍、百废待兴，经济水平极其落后，社会矛盾异常尖锐。在这种情况下，中国要开启社会主义工业化之路，向苏联学习，请苏联帮助，实行国家统一的计划经济，成为最适合的国民经济管理方式。

在计划经济模式下，建立了我国第一个基本建设管理体系。国家按照经济发展规划和区域产业布局，确定投资的分配和投资的规模。国家作为投资主体，对投资的内容、投资的标准和投资的范围负责。建设单位作为实施主体，按照国家批准的投资规模、范围、标准和计划，负责具体的工程建设组织。基本建设所需要的资源，由国家按照批准的计划组织调配。

建国初期，几乎所有的物资都是紧缺的。为了保障物资和资源的分配，满足人民的基本需求，满足国家经济建设的需要，维护社会公平正义和秩序，投资规模、资金分配、建设资源配置和产品方案，包括生产的产品销售和定价等，都统一纳入经济计划。无需进行市场调研，也不必进行投资回报的论证。事实证明，这种管理经济的方式，在中国由一个半封建半殖民地落后农业国，跨入现代工业国的国情下，是一种很有效率的方式。

二、基本建设管理体系从无到有

新中国成立以来，基本建设项目(工程项目)管理体系经历过两次重大变革。第一次是建国初期，在第一个五年计划期间，苏联援建我国156个基础工业项目。为了配套这些援建的工业项目，国家相应地按区域建设了其他的项目，总数达数千个工业项目。中国的工业体系，基本上是在零基础上，按照苏联的模式进行管理。基本建设项目作为经济建设的主要内容，也同时采用了苏联的管理模式。在苏联专家的帮助下，从政府管理固定资产投资的方式，到企业管理基本建设的方法，从工厂规划设计到车间工程设计，也都是在苏联专家的指导帮助下，一步一步建立起来的。

这第一次变革，是解决有和无的问题。中国革命取得了胜利，工作重点自然从革命转向了国家建设。旧中国很难说有什么工业基础，更谈不上有什么工业体系。革命的目的是让国家富强，解决中国人的贫穷问题，让人民富裕。经济建设是国家建设的重要内容。在建设这些工厂设施的同时，也形成了中国的基本建设管理体系。这套体系对新中国前30多年的投资管理和基本建设管理，起到了重要作用。

按照这套管理体系，发挥集中资源办大事的制度优势，建成了一大批国民经济的支柱企业，初步形成了门类齐全、产业配套、自成体系的工业基础。依靠这一工业体系，我们克服了各种封锁，保障了国土安全和经济安全。这套体系也为我国的改革开放奠定了坚实的物质基础。

前三十年实际上也可以大致分为两个阶段：以苏联帮助援建的156项工程为标志，基本建成了重工业、国防工业的体系，其中包括十几个化工及制药项目，具备了工业独立的基础。在此基础上，通过引进与自主开发，逐步开始轻工业、石化工业的建设。集全国之力用43亿美元(史称“四三”工程)，重点引进合成肥料、合成纤维、乙烯等技术和装备，我国石油化工工程项目管理进入一个重要的学习和提高阶段。

三、石油化工工程管理的基础

中国的工业化，是一条艰难曲折、探索自强的道路，是一条具有中国特色的道路。鸦片战争、甲午战争，开启了近代中国屈辱的历史，也让一部分人认识到工业基础对一个国家的重要性。洋务运动建钢铁厂、造船厂之时，就有人上书朝廷，提出反对意见，理由是造船成本高、质量差，不如买船好。晚清以来，也出现一些有担当、有大义、有能力的民族企业家。

毛泽东在一次重要会议上强调："我们搞社会主义建设，不能忘记四个人，搞钢铁不能忘记张之洞，搞化工不能忘记范旭东，搞纺织不能忘记张謇，搞交通不能忘记卢作孚。"这四个人当中，范旭东的事业最为艰难，也最具有开创性。他开创了中国的化学工业，是中国化学工业的先驱、拓荒者，先后在天津、南京等创办精盐厂、纯碱厂、硫酸铵厂和研究所。还有吴蕴初创办的盐酸厂、硝酸厂、氯碱厂以及合成氨厂，以及配套的耐蚀材料和耐蚀阀门厂。

这大概就是中国化学工业的全部家底。即使这样的家底，在日本的侵华战争以及中国的解放战争中，也有很大一部分毁于战火。而石油化工的基础，基本上就是这些在新中国成立后还留存下来的化工厂。当年这些化工厂的设计和装备，大多由美国和欧洲提供，主要的工程技术人员也是从国外聘请。

中国的石油化工建设，真正起步于20世纪50年代末、60年代初。50年代后期，苏联提供工艺技术、工程设计和主要装备，在兰州建设了我国第一套以裂解气为原料的乙烯装置。60年代初引进的5000t/a鲁奇沙子炉，以原油为原料生产裂解气，工程设计和技术指导主要是德国人。

1964年，在消化学习引进技术的基础上，在上海高桥开始建设我国自行设计、自制设备的小型乙烯装置，主要解决炼厂气综合利用问题。随后，引进了多套乙烯裂解装置，工程设计和技术服务也主要以技术出让国为主。直到20世纪70年代末、80年代初，才真正开始自己比较全面参与设计建设石油化工装置。

四、石油化工工程设计的起步与探索

20世纪80年代之前，技术与工程设计一般是捆绑在一起引进。一方面，是因为国外的专利商要防止中国掌握技术；另一方面，也是因为国内的设计单位确实不具备这方面的能力。石油化工的工程设计，主要从三个方面起步。一个是对引进装置的技术改造设计，第二个是配合国外工程公司进行设计图纸转化的，第三个是实施设计资质准入后，国外工程公司要承接国内石油化工工程设计，需要和国内具有相应资质的设计院联合。

在生产操作的过程中，逐渐发现原工程设计中存在的一些瓶颈问题。在投资有限的条件下，对原装置进行扩能技术改造，走内涵式发展的道路，成为80年代初中国石油化工工程建设的主要形式。通过对引进装置的消化吸收，开展技术改造工程设计，既是被逼出来的无奈之举，也是提高工程设计能力的一个好办法。这种设计方法，加深了设计人员对工程细节的理解，在设计深度上有较大突破。

工艺技术的专利商，出于对技术保密的需要，或者出于技术和利益的综合考虑，一般都会和一个工程设计组织捆绑，形成利益共同体。早期中国引进石油化工工艺技术，大部分都是技术和工程设计打包的方式，有些专利商还会以专利设备的名义，和装备制造企业打包。这种模式，给中国设计人员吸收理解工艺流程，造成很大困难，阻碍了中国工程设计人员的参与深度。

逐渐地，随着中国市场的扩大，一方面出于竞争的需要，另一方面也是中方谈判地位的提升，中国的设计人员，开始配合国外的工程设计进行工程转化。虽然，最初只是在前端设计，或者基础工程设计的基础上，做一些公用工程的配套设计，或者做一些施工图的细化设计。但是，我们的设计人员，依靠刻苦勤奋和较强的学习能力，逐步掌握了装置设计和工厂设计的流程和方法。

20世纪90年代初，为适应社会主义市场经济发展，适应扩大开放的需求，满足行业管理体制改革的需要，在某些领域，开始实施工程勘察和工程设计的资质管理。结合工程勘察和工程设计的工作特点，实行工程勘察设计资格分级管理，并制定了工程勘察和工程设计行业分级标准。

2000年发布《建设工程勘察设计管理条例》，从法规层面进一步强化了工程设计资质的准入条件。2006年，原建设部发布《建设工程勘察和设计单位资质管理规定》。规定明确了在中华人民共和国境内从事工程勘察、工程设计的单位，申请相应资质的条件。

境外工程公司承接国内石油化工工程设计，为了满足这些国内法规、规定和行业的要求，成本最低的、最可行的方式，就是与国内工程公司或者设计单位形成联合体。由于国内工程公司、工程设计单位，对国内法规和工程设计的标准规范更熟悉，境外工程公司更加依赖国内设计单位。客观上，国内设计单位深度参与工程设计，对国内工程设计加快与国际工程设计接轨，加快建立工程总承包的机制，起到了非常积极的作用。

五、石油化工建设与基本建设管理体系

石油化工工程项目管理，相比较其他工程项目管理，起步并不晚。20 世纪 50 年代初，国家组建成立专业的化工设计院，主要是配合恢复化工厂的生产，在引进技术建设生产装置的过程中，主要是翻译设计文件，以及在项目现场配合外国专家工作。在苏联援建的 156 个项目中，有的化工项目成立了工程设计队伍，主要负责为援建项目提供服务，同时在苏联专家的指导下，对配套项目开展工程设计。60 年代初，外国专家撤走，同时也带走了技术资料，国内设计院只能自力更生，完成剩余的配套设计和建设。

1962 年，我国第一套乙烯装置，年产五千吨，约为美国同期产能的四百分之一。1973 年，第一套引进的年产 30 万吨乙烯装置，不仅核心技术和工程设计需要引进，连螺丝钉都是引进的，国内的工艺设计和装备设计人员基本没有机会介入。

石油化工工程项目管理，和其他工程项目管理一样，都是在按照苏联模式构建起来的基本建设管理体系中运作，遵循一样的建设程序，使用一样的管理模式。建设单位成立指挥部，施工单位和设计院按照计划安排，组织施工力量和设计团队，在指挥部的统一指挥下，各自开展工作。

从现在的观点看，计划经济体制下，按照苏联模式建立起来的基本建设管理体系，有很多缺陷和不足。但是站在历史唯物主义的观点看，这种模式是当时所能选择的最好的方式。无论是古典经济学，还是现代经济学，并非在任何情况下都是适用的。由于前提条件的不同，工业发展的基础不同，市场经济的规律也并不是总能形成最适合的资源匹配。

能够在短短的二十多年间，从一个积弱积贫的农业国家，建成一个工业体系基本完备，工业独立、国防独立、经济独立的国家，这在人类历史上都是绝无仅有的，这是政治独立的基础。我们能在国际上各种势力的封锁和制裁中，独立自主，自力更生地发展经济，也是靠的这一基础。其中，苏联帮助我们建立起来的基本建设管理体系，为这一坚实基础的形成做出了重要贡献。

和形成的实际成果相比，工程项目管理第一次变革的理论成果显得有些不足。这可能和当时的社会环境、文化氛围有关。当时的人们是把国家集体利益放在个人利益之上的，人们崇尚务实，把更多的精力集中在改进工作上，用于总结工作成果，归纳提炼形成理论的投入不够。

工程项目管理既需要理论体系的指导，又需要具体的工程实践。其中，理论体系包括已经成熟的理论和自身实践总结的理论。不管是从外部引进的成熟理论，还是自己实践总结的理论，都需要一个学习领会过程，需要一个实践检验过程。把理论转化为自身的能力，是学习和实践的关键。

苏联的援建项目，除了帮助我们建设了工厂企业外，可能是历史上国家之间第一次大规模的技术培训和管理培训。这次历史性的培训，为我们培养了一大批各类管理干部、技术干部和熟练工人。这次培训也为我国从一个落后的农业国快速跨入工业国，奠定了人才基础和管理基础。这是第一次全国性的大规模学习，我们几乎一无所知，从零开始。并且这第一次学习，是苏联派驻专家手把手地师带徒式的学习。

因为是一张白纸，加上我们勤奋刻苦和迸发出来的建设热情，把学到的知识，一方面转化为我们建设工程项目的能力，另一方面转化为指导工作的管理体系。同时，由于没有过去的成见和习惯，不存在路径依赖的问题，学起来更加顺畅和快捷。

为了帮助中国，尽快具备基本的工业生产能力，苏联提供全套图纸和技术资料，并且提供大量核心的专利技术。为了解决资金不足的问题，苏联提供3亿美元低息贷款资金，提供装备和技术，还培训了管理人员、技术人员和技术工人。这为我国奠定了石油化工、现代煤化工工程项目管理的基础，也为工程项目管理第二次变革奠定了基础，为中国石油化工、现代煤化工，在第二次变革中实现飞跃打下了坚实基础。

第三节　第二次变革：工程项目管理的市场化

一、面临第二次工程管理模式选择

随着国家经济发展，逐步建立了完善的、门类齐全的基础工业体系。国民经济的复杂程度、工程项目建设的复杂程度、工业产品的复杂程度，远远超过了几个政府部门的管理能力。通过一个统一的计划，从微观到宏观来管理整个国家投资，管理每一个工程项目的实施，显得越来越力不从心。人民的积极性和创造性不能很好地发挥，科学技术得不到发展，生产要素和生产关系不能协调等。所有这些因素，导致社会主义制度提高生产力水平的目标得不到体现。

社会的主要矛盾，已经转化为人民日益增长的物质文化需要同落后的社会生产力之间的矛盾。经济基础决定上层建筑。要解决这一矛盾，经济体制改革势在必行。作为经济体制改革的重要内容，投资管理的方式必须适应经济体制改革的要求。

生产力蕴含在生产要素和要素之间的关系中。要解决要素之间的关系，使得各要素相互之间，按照一定的机制达到优化匹配，必须有一套管理制度体系。这套体系要能够提供一种支持和保障，保障各要素按照经济规律进行配置，解放潜在的生产力。

固定资产投资与工程项目管理体系，需要保障工程项目建设的所有要素，按照经济规律，按照效率的原则进行配置。要按照经济规律配置工程项目建设要素，就需要按照市场的要求，减少那些不必要的、非经济的行政壁垒，取消那些限制工程建设要素有效匹配的约束。

这需要对原有的基本建设管理体系，进行根本性的变革。对原有基本建设管理体系的变革，包括减少、取消那些不符合经济规律、不符合市场原则的制度和流程，还包括形成一套符合市场经济规律的，激发工程项目建设要素活力的制度体系。同时这套投资与工程项目管理体系，还要适合中国的国情，适合社会主义市场经济的要求。

既不可能把原来的基本建设管理体系全盘否定，也不能不顾形势的变化墨守成规，这两种做法都不符合辩证唯物主义的哲学思想。正确的做法应该是，把欧美等市场经济发达国家的工程项目管理体系，和中国的具体国情相结合，在原有基本建设管理体系的基础上，通过客观理性的分析，删减那些不符合市场经济规律的部分，对原来那些实用有效的部分优化升级，补充一些能够有效激发工程管理要素活力的内容，形成符合中国投资环境的投资和工程项目管理体系。

原有基本建设管理体系，政府根据经济发展计划，规划产业布局，确定投资规模。根据产业布局，将资金分配到相应的地区、行业和企业。由主管部门组织编制设计任务书，然后根据设计任务书进行厂址选择和工厂设计。设计一般可分为初步设计、技术设计和施工图设计三个阶段。初步设计和总概算经过批准后，经过综合平衡列入年度计划，各部门和地区根据计划统筹安排建设资金、装备制造、施工材料和施工队伍。

二、向西方学习固定资产投资管理

第二次变革发生在20世纪80年代初。1978年年底召开的中国共产党十一届三中全会，揭开了改革开放的序幕。国家和政府工作的重心转向了经济建设。经济领域自然成了改革的第一个目标。经济体制改革成为了这一时期的主题。

改革开放，国门打开，管理经济的方式，由国家计划管理转变为靠市场调节，经济运行方式，由关起门来自己搞，转变为引进来走出去融入全球化。一个全新的环境，需要与之相适应的固定资产投资管理方式。这种投资管理方式，既要适应投资主体多元化的客观趋势，适应社会主义市场经济的改革要求，又要适应国家经济计划和产业规划的要求。

第二次变革，我们拜西方经济发达国家为师。一方面主动走出去，学习考察他们管理投资的方法和程序。另一方面，通过中外合资项目、外商独资项目、国际金融机构贷款项目等工程项目的建设过程，学习工程建设的管理流程。

第二次学习的基础是：我们已经具备了完整的基本建设管理体系，具备了完善的工业门类和体系，并且已经习惯地在这一体系下运作了数十年。但是，这一体系在某些方面不满足经济体制改革的原则和要求。平均主义、大锅饭和效率优先、兼顾公平的原则不符，和社会主义解放和发展生产力的目标不符。这一体系在新的环境、新的条件下，不鼓励人们的工作主动性、积极性和创造性。

这既是经济体制改革的原因，也是基本建设管理体系变革的动力。要融入全球产业链分工，要参与国际竞争，提高固定资产的投资效率，提高基本建设的管理效率，提高资源的利用效率，成为基本建设管理体系变革的方向。

制度机制是高效率运作的基础，低效率的机制体系会阻碍效率的提高。这是上层建筑对经济基础的反作用。高效率运作的机制体系，来源于高效率的思想，来源于高效率的基础理论，来源于投资管理和基本建设管理的实践。这是辩证唯物主义的认识论。

按照经济学原理，市场调节是资源配置效率最高的机制。在市场机制下，好像有一只无形之手，在自动调节自然资源和社会资源，按照收益最高的方式进行配置。这是由市场参与者的逐利本性所决定的。按照科斯的理论，资产所有权边界清晰，是市场机制发挥作用的基础。

西方经济发达国家的市场运作机制，以及高效率的工程项目管理体系，自然成为我们选择学习的对象。通过官方的、民间的、半官半民等各种方式、各种渠道，学习西方投资管理流程、方法，学习项目管理理论、程序。从封闭走向开放的过程，首先是一个吸纳学习的过程，是一个尝试探索的过程。在学习尝试中，通过投资决策和工程管理实践检验，提炼出适合国情的管理理论和流程。

第一次我们只能向苏联学习，也只有苏联愿意且能够帮助我们。第二次学习的对象具有一定的选择余地。有学习日韩模式的，有学习欧洲模式的，有学习美国模式的，西方工程项目管理诞生于欧洲，在美国得到发展和提升。但是，无论是美国还是欧洲，是不可能像苏联那样，帮助和培训我们的。改革开放的中国为他们提供了巨大商机，谦虚勤奋的中国人为他们提供了市场需求。这些条件构成了学习培训市场的供需基础。

第一次变革与学习，完全是以国家组织，政府牵头，国企参与的形式完成的。第二次变革与学习，形式多样，目的多样，学习主体多样。由于学习主体的多样性，不同的学习主体，对同一事物的理解也是多样的，对投资体制改革的诉求也是多样的。这种多样性，丰富了工程项目管理的理论和实践。

第二次变革，是在原有的基础上进行的变革，人们对原有的管理模式具有路径依赖。由于投资主体多元化，政府部门的原有权利，必然面临下放的趋势，以体现谁投资、谁负责、谁受益的原则。作为投资主体之一的企业，虽然期盼放松管制、减少审批，但是由于数十年来的基本建设管理运作模式，具有相当大的惯性，绝非一朝一夕能改变，需要一个比较漫长的过程，即使现在也仍然处于变革之中。

三、基本建设管理体制变革

实际上，工程项目管理的第二次变革，从20世纪80年代初开始，至今一直在进行。1981年3月，国务院发布《关于加强基本建设体制管理控制基本建设规模的若干规定》，标志着第二次变革的开始，其中明确规定“所有新建、扩建大中型项目及所有利用外资进行基本建设的项目都须有可行性研究报告”。这一方面是经济体制改革的必然要求，也是对外开放，满足外资和国际金融机构贷款的必经程序。

两年后的1983年初，当时国家管理投资的部门，原国家计划委员会发布《关于建设项目进行可行性研究的试行管理办法》。作为西方投资管理决策前提的可行性研究报告，以法规的形式，进入中国的基本建设流程。1987年，又发布试行《建设项目经济评价方法与参数》，用以指导和帮助各投资主体和政府主管部门，编制和审批可行性研究报告。同年，国务院要求进一步放宽固定资产投资审批权限和简化审批手续。

三十多年来，随着经济体制改革的不断深入，固定资产投资和工程项目管理体系的变革，也在不断深化。进入21世纪以来，固定资产投资和工程项目管理机制变革的步伐明显加快。民营企业在大型石化联合装置的投资热情高涨，放开了外资独立投资在国内建设大型联合石化企业的限制，负面清单制的示范与推广等。

工程项目管理的第二次变革，成效显著。中国已经成为世界上固定资产投资增速最快的国家，也是世界上投资规模最大的国家。新中国成立七十年以来，固定资产投资年均增长15.6%，其中主要是近三十年的贡献。建成了一批世界级的工程项目：港珠澳跨海大桥、三峡水利工程枢纽、世界上最长的高速铁路网络等。培养出一大批工程项目建设管理人才，形成了强大的工程项目建设能力。中国工程项目管理正在走出国门，为全世界的客户提供工程服务。为了响应国家“一带一路”倡议，中国工程管理帮助“一带一路”沿线国家，建设基础设施和能源设施，助力这些国家的经济发展，开展能源国际合作和产能合作。

第二次变革所面临的国际国内形势，和新中国成立之初相比发生了很大变化。苏联解体，冷战结束，经济全球化加速发展，中国作为最大的发展中国家，全面融入国际产业链。国内改革开放，在探索中不断推向深入。石油化工固定资产投资呈爆发式增长，带动了工程项目管理以及相关产业连续数十年的高速增长。这期间，受国际原油价格持续攀高以及中国的资源禀赋的影响，现代煤化工产业异军突起，成为非化企业进入化工市场的重要渠道。

四、固定资产投资决策机制变革

为适应社会主义市场经济的要求，工程项目管理第二次变革引入了可行性研究的程序。并且把可行性研究报告作为投资决策的依据。

这是对原有基本建设管理体系的重大变革。原程序是先决策投资，再开展基本建设。变革后的程序是先进行可行性研究，根据可行性研究报告进行决策，以决定是否进行投资。使投资决策建立在科学的基础之上，建立在对技术经济和市场的研究上，充分发挥专家专业咨询的作用，发挥客观第三方的中立作用。

改革开放后，我国在引进西方先进技术的同时，对西方固定资产投资和工程项目管理的方式，也进行了吸收转化。结合具体的工程项目建设实践，逐步形成相对稳定的管理和决策流程。建设单位(或者投资方)提出项目建议书，经过各级评估认为有必要继续开展下一步工作的，办理立项手续并批准项目建议书。项目建议书是开展可行性研究的工作依据。

第二次变革主要体现在投资决策、资源配置和投资风险三个方面：

(1) 原基本建设管理流程是政府计划部门决策，财政部门按计划拨款，建设单位按计划实施，政府部门验收。

(2) 引入可行性研究后，首先对投资项目，在技术、经济、市场、原料、动力、自然资源、区域环境和文化，以及环保、安全、风险等方面进行研究、论证，并根据研究分析的情况，综合运用相关科学理论进行预测，然后提交给决策机构进行决策选择。

(3) 对于某些投资规模大、技术复杂、产品品种较多的工程项目，有时需要先进行投资项目机会研究。根据机会研究的结论，进一步开展初步可行性研究，拟定初步的项目方案和投资估算。然后再决定是否继续进行详细的可行性研究。这种分段决策的流程，体现了投资决策的审慎和严谨原则，符合认识论的规律，是科学的决策方法。

五、原有工程项目管理模式

新中国成立之初到第一个五年计划开始，基本建设主要是对原有生产设施进行恢复。中国原有工业基础本来就比较薄弱，又经过十几年战争，很多设施都不同程度毁于战火。国民党败退台湾之际，又人为毁坏一部分。我们面对的是一个山河破碎、百废待兴的局面。

恢复生产、稳定经济，成为新中国一项重要工作。由于基本建设资源有限、分散，各个生产企业只能自行组织设计、施工，有些设备由于无法采购，也必须自行制造。因陋就简，以最快的速度恢复生产，满足新中国经济建设的需要，是最重要的目标。所以，这一时期的基本建设，主要是修旧利废、就地取材、自成体系。

1953 年第一个五年计划开始，按照苏联模式，工程项目管理实行甲、乙、丙三方制。甲方是建设单位，政府根据计划组建。乙方负责设计，丙方负责施工，分别由相关的主管部门负责管理。根据统一的经济发展计划，设计、施工任务分别由其主管部门下发。装备制造也同样根据主管部门下发的计划，组织生产。项目建设过程中的技术、经济、进度问题，由政府部门协调解决。

随着经济的恢复和发展，基本建设规模迅速扩大。单靠政府部门直接协调，已经有些力不从心。工程项目管理模式，演进为工程指挥部模式，特别是对于一些大型工程项目，基本上都成立了工程指挥部。指挥部由相关政府部门和建设单位联合组成，负责工程设计、物资采购和施工管理。完成建设任务，经过验收后直接移交给生产部门。

这种模式在当时各种资源极度匮乏、人才极度缺乏，并且政治形势极为复杂的情况下，是一种非常有效的方法。随着国家的工业独立，经济规模发生了根本改变，这种工程项目管理模式和经济发展之间的矛盾，逐渐暴露出来。由于设计、采购、施工、使用隶属不同部门，一个完整的工程项目被分割成若干碎片。边设计、边采购、边施工的“三边工程”，就是对当时这种情况一种流行的表达。

六、工程管理模式变革

在原基本建设管理体系下，基本建设所需要的各种物资、资金、人力、装备和材料，均按照统一的计划，组织配置。基本上是一种行政管理的模式，所以建设单位一般只需要成立工程指挥部，统一负责组织管理基本建设的有关工作。

改革开放，经济体制改革，计划经济向社会主义市场经济转变。将市场机制引入工程建设，资源配置由原来的计划分配，转而实行招投标制、合同制。原有的模式无法适应这一新的要求，工程项目管理模式变革势在必行。在这一轮的变革中，石油化工工程项目管理走在了前面，进行了有益的探索，在尝试工程总承包模式方面，取得了很好的成绩，为整个工程管理推行总承包，提供了可资借鉴的经验。

改革开放之初，《关于改革现行基本建设管理体制，试行以设计为主体的工程总承包制的意见》发布。一批石油化工、化工设计院，借鉴发达国家工程项目总承包经验，尝试采用总承包的模式组织石油化工、化工项目的建设，取得很好的效果。随后，《关于设计单位进行工程总承包试点有关问题的通知》《关于设计单位进行工程总承包试点及有关问题的补充通知》先后公布了三十一家工程总承包单位。

20 世纪 90 年代，《设计单位进行工程总承包资格管理有关规定》发布，使工程总承包有规可依。《关于推进大型工程设计单位创建国际型工程公司的指导意见》，为中国工程项目管理走向国际市场提供了政策指南。《关于工程勘察设计单位体制改革的若干意见》，要求将设计单位由事业性质改为科技型企业性质，进一步推动我国工程项目管理市场化，加快与国际工程项目管理接轨。

进入 21 世纪，2003 年 2 月 13 日，原建设部发布《关于培育发展工程总承包和工程项目管理企业的指导意见》，意见明确了工程总承包、项目管理的概念，鼓励具有总承包资质的企业，通过重组和改制，建立与工程总承包业务相适应的组织机构、项目管理体系。目前，我国石油化工工程项目管理，已经成为国际能源和化工材料项目建设中一支主要力量。

变革后的工程项目管理，建设单位是责任主体。工程建设项目所需要的各种资源要素，需要通过市场机制配置。政府通过几次大的简政放权，取消了大部分的审批事项，只对涉及公共安全和利益、产业发展和布局等涉及全局的事项，进行审批。建设资金主要通过资本市场融资的方式获得，比如贷款、发债、融资租赁等；所需要的装备和工程物资，主要通过招投标的方式获取。所有的投资收益和投资风险，都由投资方或者建设单位承担。

投资完成，并且按照批准的设计图纸建设完成后，过去一般是由政府主管部门组织相关部门和专家，组成竣工验收组，从技术、费用、进度、档案等方面进行验收。验收组形成验收意见，标志着本次基本建设按照计划完成。投资的风险和收益都有国家承担。项目建成后投资效果如何，建设单位对此不承担责任。

投资体制变革后，建设单位作为投资主体，同时也是责任主体。工程项目建设完成，转入商业化运行，获得投资收益的同时，必须承担投资的风险；负责以投资的收益偿还贷款利息，以及其他融资费用；独立承担原料风险和市场风险。政府只负责对影响公共安全和生态环境的事项进行监管。

伴随工程项目管理第二次变革，中国石油化工工程建设，获得了飞速发展。在一份《中国与全球制造业竞争力》报告中，基于单位劳动力成本的中国制造业竞争力，化工行业居所有制造业首位，在全球排名第五，代表了中国制造业国际竞争力的最高水平。这也代表了中国石油化工工程建设的水准，是石化人 70 年，特别是近 40 年来努力奋斗的结果。

石油化工工程项目管理第二次变革，经过近四十年的历程，已经基本形成决策科学化、流程规范化、管理国际化的管理体系。现代煤化工，正是借助于石油化工工程项目管理体系，在不到 20 年的时间内，从无到有实现了飞跃。在现代煤化工工程建设领域，从工艺技术开发、工程设计、装备制造等都已经进入国际先进国家的行列。

石化油化工、现代煤化工工程项目管理在取得巨大成绩的同时，应该清醒地看到还有不少问题和短板。石油化工从 20 个世纪 70 年代开始引进工艺技术和装备，近五十年后的今天，大型石化装置的工艺技术和关键装备仍然在引进，重引进、轻消化吸收再创新的问题没有根本解决。工程设计所使用的软件，几乎清一色都是进口产品，国产软件的市场竞争力还比较弱。工程设计总体上还比较粗放，缺乏对总体系统、子系统进行集成分析的流程和工具。工程建设还缺乏统一的标准规范体系等。

第三章 经济新常态对工程项目管理的要求

第一节 工程项目管理面临新要求

改革开放四十多年来，中国工程项目管理取得了巨大成就。建成了一批世界级的工程项目，许多工业品的产量都稳居世界第一。工程项目管理的能力得到极大的提升，在参与国际工程项目的竞争中，已经表现出较强的竞争能力。带动中国装备制造、工程设计和工程施工走出国门，展示出中国工程建设的综合能力。

世界面临百年未有之大变局，不仅体现在地缘政治上，也体现在经济格局和科学技术发展的格局上。中国经济发展已经进入一个新时期。这个新时期既是推动世界格局剧变的因素，同时也是这个巨变的一部分。新时期的经济发展和经济建设是一种新常态。经济新常态是实施国家战略，和实现民族复兴目标的一部分。

投资和工程项目管理作为经济发展的重要内容，必须适应和满足经济新常态的要求。经济新常态是相对过去经济管理和经济建设方式而言的。中国社会所面临的主要矛盾已经发生转变，已经由“人民日益增长的物质文化需要同落后的社会生产力之间的矛盾”，转变为“人民日益增长的美好生需要和不平衡不充分的发展之间的矛盾”。这就需要提高经济发展的质量，提高经济发展的效率，转换发展的动力。

对于工程项目管理来讲，发展的质量、发展的效率和发展的动力体现在哪些方面，这是一篇大文章，远不是这一点文字能说清楚的事情。认识论也告诉我们，需要通过工程管理的实践不断提高认识，以提炼出的工程管理新知识，再来指导具体的工程建设实践活动。这种提高和转换是在实践和认识的过程中实现的，不可能一蹴而就。

工程项目管理涉及的范围十分广泛，专业技术的差别很大。虽然所有的工程项目管理都遵循共同的规律，但是具体到特定的专业工程项目管理，其理念、流程、方法、工具都具有各自的特点。这是一般和个别的关系，经济新常态下的工程项目管理，是从各个具体专业的工程项目管理中抽象出来的。但是，不管什么专业的工程项目管理，都面临提质、增效、转换动能的共同要求。

这里主要讨论经济新常态，对现代煤化工、石油化工工程项目管理方面的要求。

第二节　对工程项目管理质量的要求

经济新常态的关键是“新”。工程项目管理会面临新的经济环境，会面临新的法治环境，会面临新的政策环境，会面临新的市场环境，会面临新的地缘政治环境等。对于这些新的环境、新的要求、新的建设条件，有两种应对态度。一种态度是主动适应，未雨绸缪，超前谋划，提前培育应对能力，提前储备应对策略。第二种是被动反应，待新问题出现，待新的挑战出现，再来借助外力促进变革。

当我们说到产品的质量时，会有一系列的指标来展示产品质量，或者得到大多数客户的认可，在市场上有较高的知名度和认可度，或者产品质量满足某个国际质量标准等。即使如此，在质量管理体系中，对质量的定义也是一个定性的、模糊的描述，国际项目管理协会把质量定义为“满足客户需求”。

对于工程项目管理的质量，如何评价，如何认定？特别是面对不同的管理环境、不同的政策和法治环境时，什么叫高质量的工程项目管理？

从 2016 年开始，美国举全国之力在全世界范围内，不择手段地制裁封堵中国的通讯企业。中兴通讯两次被美国制裁，罚款总额超过 20 亿美元，董事会和管理层被迫全面更换。美国政府派人入驻中兴通讯，监督运营 10 年。

美国封堵华为的力度更大，从总统、国务卿到诸多政客，不择手段，没有底线地在全世界从事打压活动。客观地讲，全世界最大的经济体，世界上最强大的国家和唯一的超级大国，对一个企业的打压，一定会给华为带来巨大的经营压力。有些国家会主动迎合，有些国家会迫于压力被动屈从，再加上利益集团的联合围攻，这样的经营环境，这样的地缘政治环境，华为顶住了压力，在这样艰苦恶劣的环境中，取得了骄人的业绩。

这两个企业都是世界级的企业，都有着雄厚的技术实力和管理能力，否则也不会得到美国这个国家的“关照”。有更多的企业，只是因为中美贸易摩擦，美国提高了关税，就已经陷入困境，甚至有的企业已经濒临破产，难以继续生存下去。

沙特和俄罗斯未就原油减产达成协议，于是国际原油价格战打响。原油价格瞬间腰斩，给本就受新冠疫情影响的世界经济，带来新的变数。其中受冲击较大的行业，除了原油生产外，要数石油化工和现代煤化工行业了。石油化工和现代煤化工的产品价格，随着原油价格迅速下挫20%以上，并且这种市场趋势，还很难预测何时结束。这个价格已经跌破现代煤化工产品的生产成本，很多现代煤化工企业已经出现负现金流，开始在生死线上挣扎。

石油化工和现代煤化工行业面临的市场形势，折射出来的是石油化工、现代煤化工工程建设的市场前景。这里面包含两层含义：一个是，如果工程项目管理质量高，建设出高质量的工程项目，使得单位产品的成本低于同类装置。那么，在面临同样的市场环境时，有更强的生存能力；另一个是，如果工程项目管理能够选择高效率的工艺技术，并通过总体规划，使工程设计、装备制造、生产运营实现最优化的匹配，必将极大地提升企业的竞争能力和生存能力。

对于石油化工和现代煤化工来说，工程项目是工程建设的产品，但不是最终产品。投资建设工程项目的目的，是为了生产适销对路的、高附加值的化工产品，通过销售化工产品的利润，回收投资实现增值。所以，工程项目的质量体现在两个方面：一个是工程项目本身，这是直接产品的质量，可以有一系列指标来衡量；另一个是工程项目形成的资产的质量，这是间接产品的质量，目前还没有相应的考核指标。

从广义的工程项目管理来讲，工程项目管理的质量，取决于项目前期决策，落实于项目的定义和执行，体现在项目的运行上。不但装置在运行中的物理化学效果和工程建设有关，装置运行的经济效果也和工程建设密不可分。所以，石化油化工和现代煤化工企业，抵抗风险的能力和生存能力，与工程项目管理有很大的正相关性。

在国内，随着中国对外开放的力度越来越大，整个石油化工行业、现代煤化工行业，都在向高质量、高效益转型。那些不能适应经济新常态的企业会被淘汰；那些主动适应并且实现转型的企业，将会得到更好的发展。随着中国经济全面改革和国际化工市场格局的变化，无论从宏观层面上，还是微观层面上，只有高质量的工程项目管理，才有可能建造出高质量的石油化工装置和现代煤化工装置。而石油化工、现代煤化工的发展，决定了石油化工和现代煤化工工程项目管理的前景。那些经不起新环境、新市场、新条件考验的工程项目管理，必定会被淘汰。

第三节　对工程项目管理效率的要求

经济的高速发展，人民的生活水平得到极大改善和提高。体现在人均收入从建国初期的49.7元增加到2018年的3万元。过去那种靠低成本劳动力获取利润的工程项目管理，逐渐会失去市场竞争能力。

效率既是经济学研究的对象，也是管理学追求的目标。在《国富论》中，亚当·斯密详细分析了分工带来的劳动效率提高。企业管理理论的发展，很大程度上是围绕着效率提升展开的。现代工程技术的发展也是把提高效率作为主要研究方向之一。泰勒的《科学管理原理》，核心就是要求企业中每一个成员充分发挥最高的工作效率，争取最高的产量，实现最大的效益。

人类工业化发展的历程中，每一次新技术、新工艺的采用，所带来的工业革命，都是以效率的提升作为标志。工程项目管理发展的历史，也是工程项目管理效率提升的历史。石油化工工艺技术和催化剂技术的提升和突破，极大地提升了资源的利用效率，甚至发现资源利用的新途径，比如甲醇制取低碳烯烃。工程装备技术的突破和升级，不仅缩短了工程项目的建设周期，而且延长了装置运行的周期，推动了项目建设效率和生产运行效率的提升。

中国的工程项目管理效率，相比过去有很大提升。但是，在经济新常态下，在新的经济环境中，在新的目标和新的要求下，在面临以智能化和新材料、新能源为代表的第四次工业革命来临之际，现有的管理效率还难以适应，还难以满足要求。比如装置运行的周期还不够长，特别是现代煤化工装置，平均每两年需要停车检修。

工程项目管理效率的提升，主要从五个方面开展：

（1）集成创新的效率；
（2）管理制度的效率；
（3）工程建设市场的效率；
（4）管理者与管理制度的协同效率；
（5）新技术与新材料开发及应用的效率。

第四节　对工程项目管理提升的动力要求

驱动工程项目管理提质增效的动力大体上有两类：一类是外部动力，或者叫压力、外力；另一类是内生动力。准确地讲，外部动力应该叫外部压力，因为动力应该是来自内部。交通工具能够高速行驶，其动力均来自内部的发动机，或者电动机。没有发动机的车厢，只能依靠其他动力的牵引才能行使。所以来自外部力量，要么是拉力，要么是推力。

高速列车之所以能够以很高的速度行驶，主要是因为其动力系统能够产生高速度的驱动力。而蒸汽机车的动力系统，由于其机械原理和结构的限制，没有办法达到高速列车的速度。所以，要想提高运行效率，就需要创造出新的、动力更强大的驱动方式。

工程项目管理提升的动力，如果来自于内部，要评估其动力是什么，是占领技术的制高点，还是商业模式的创新。亦或是把市场占有率、营业收入、利润等财务经营指标作为提升管理的动力。动力和压力有时可能很难区别，主动求变的大多是动力，不得不变的大多是压力。实际上，压力可以转换为动力，重要的是变的方向和变的方式。

如果工程项目管理提升的力量来自外部，是一种被迫的、被动的提升。比如迫于生存的压力，迫于竞争的压力，不得不对管理进行改变。对于管理系统来讲，外部的压力可以转化为内部的动力。历史上有很多这样的企业，比如通用汽车、福特汽车、日本航空等这些跨国公司，曾经一度申请破产保护。在巨大的外部压力下，这些公司通过调整管理思路，整顿内部管理，转危为安，起死回生。

世界百年未有之大变局，中国融入世界经济，推动建设人类命运共同体，推动经济全球化。中国的石油化工和现代煤化工企业，必将更多地参与国际竞争。石油化工和现代煤化工项目管理，也将有更多的机会参与到国际工程市场的竞争中。这必将给中国的项目管理带来的巨大挑战，同时也展示出前所未有的发展机遇。

清醒地认识经济新常态，客观理性地分析外部环境和内部态势，把工程项目管理提升的动力，转化为能够持续、持久驱动管理改进的力量。新技术的发展，对新材料提出了更高的要求。中国的石油化工和现代煤化工，能否借助第四次工业革命的机遇，实现弯道超车，技术开发和工程项目管理是两个重要因素。

创新技术开发的机制，能够把众多科技人员的创新积极性调动起来，消除各种限制创新的制度性障碍。构建有效的转化平台，使技术开发和工程转化有效衔接、快速迭代，快速推出新技术、新产品。要重新认识和研究工程项目的集成创新功能，重新定义工程项目的集成创新。

关于工程项目的集成创新功能，可以从已经建成的现代煤化工项目得到某些启发。普遍的现象是，现代煤化工项目建成投产后，即开始进行技术改造。为什么要进行技术改造，有三个主要原因：一个是技术进步，另一个是环境保护和安全生产标准提高，第三个是生产运行中发现了瓶颈。大多数技术改造是由于瓶颈问题，不得不进行技术改造。为什么会有瓶颈问题，说明工程项目在建设期间没有很好地发挥集成平台的作用。

工程项目的集成创新作用是要实现 $1+1>2$ 的效果，如果 $1+1<2$，说明工程项目只是把工艺技术、装备技术进行了集合，而没有进行集成。或者至少要做到 $1+1=2$，实现了工程项目的集成，但是还算不上创新。如果一个工程项目出现了多个瓶颈问题，说明有些工艺技术、装备技术，没有发挥出应有的功能，这就是 $1+1<2$。

有人曾经用技改指数，考察现代煤化工工程项目的集成作用。技改指数是指项目建成投产后，五年内技术改造的投资之和与工程项目建设投资之比。技改指数小于5%，属于工程项目集成作用发挥比较好的；技改指数在5%~10%之间的，属于工程项目发挥集成作用不明显；技改指数大于10%，说明工程项目只是一个资源的集合体。

第四章

工程项目管理第三次变革

中华人民共和国成立70年来，工程项目管理的发展，前后经历了两个阶段。这两个阶段，既有明显的区别，又有割不断的联系。这两个阶段，也是新中国工业发展历史的两个阶段。

第一个阶段是站起来的阶段，新中国是在一个满目疮痍、积贫积弱的基础上建立起的，工业强国是第一代领导人的梦想。按照苏联的模式，不但初步建立了新中国的工业基础体系，而且同时建立了新中国基本建设管理体系。这一体系，不仅为后来的改革开放奠定了工业基础，而且也筑牢了我们自力更生谋发展的基础，使我国成为世界上唯一的工业体系完整，工业门类齐全的国家。

第二个阶段是富起来的阶段，改革开放的中国，进入了一个崭新的发展阶段。在经济体制改革的总目标要求下，通过学习西方经济发达国家，改革投资管理和工程项目管理的方法流程，初步建立了适应社会主义市场经济的投资管理体制。这一体制，使中国成为世界工厂，使中国成为基建狂魔，使中国成为世界第二大经济体。一个又一个世界级工程项目，不仅向世人展示了中国工程项目管理能力，而且展示了中国在工程材料、工程技术、工程人才等方面的实力。

现在，工程项目管理第三次变革的序幕，已经徐徐拉开。新冠肺炎在湖北武汉肆虐，并在全国及全球迅速蔓延，目前，我国已基本控制住了疫情。这次疫情的暴发，是对政府治理体系和治理能力的大考，同时也让中国的工程建设速度再一次刷屏。中国的工程建设，在经历了打基础的第一阶段，高速扩张的第二阶段后，已经进入高质量发展的第三阶段。

工程项目管理第三次变革，就是聚焦高质量发展，从要素驱动、投资驱动转向创新驱动。建设速度、投资规模等，这些过去用来衡量工程项目的基准，将被新的基准取代。高质量的工程项目，需要工程项目的构成要素质量要高，也需要提高这些要素之间的配置质量。

中国经济进入新的发展时代，为适应和满足新时代的要求，经济结构必然会发生调整，以适应协调发展的要求。这种调整，是对国际经济格局变化的客观反映，是对国际地缘政治格局变化的客观反映，是对世界百年未有之大变局的客观反映。但是无论怎样调整，固定资产投资，仍将是支撑经济高质量发展的重要支柱。

高质量的经济发展，需要高质量的投资。传统的固定资产投资管理机制和投资管控质量，需要升级和优化。新基建投资，将逐渐成为固定资产投资的主流。传统固定资产投资的升级和优化，包括：对存量固定资产的升级投资，和对增量固定资产投资的优化。智能、绿色、增效，将成为石油化工和现代煤化工企业固定资产投资升级优化的主题。

在传统固定资产投资领域，还有不少短板需要弥补。功能材料、精细化工、三废综合利用、工程设计和工程管理等，还不能满足经济新常态的要求，不能满足人民对美好生活的向往。在化工品市场上，低端过剩，高端紧缺的现状，依然没有得到改善。现代煤化工产业仍然是粗放式发展，煤炭的综合利用没有明显突破。石油化工、现代煤化工和其他产业的循环经济模式，才刚刚起步。

高质量的固定资产投资，其核心要素是高质量的投资决策。高质量的决策，由两个方面构成：高质量的决策体系和高质量的咨询体系。咨询体系是基础，决策体系是关键。目前，咨询体系和决策体系与高质量投资的要求相比，还有差距。特别是现代煤化工产业，基本上使用石油化工产业的咨询体系和资源，还没有针对现代煤化工特点的咨询企业。

工程项目管理也是影响高质量投资的关键因素。工程项目管理作为一种思维方式，还没有形成普遍共识；工程项目管理作为一种方法论，在现代煤化工领域，还没有被多数人掌握；工程项目管理作为一个平台，其整合集成的功能尚有许多需要完善之处。

固定资产投资与工程项目管理，其发展不平衡、不充分的问题比较突出。有些领域已经达到国际领先的水平，比如高铁、通信等，处于领跑者的地位；有些领域达到了国际先进水平，比如航天、路桥等，处于并跑的地位；有些领域尽管已经取得很大成绩，甚至形成很大的产业，但是作为一个完整产业链，还需要学习提升，比如石油化工、现代煤化工等。

工程项目管理第一次变革，苏联在人才、技术、装备、管理、培训、资金等各方面，给我们提供了全方位的支持，帮助我们建立了基本建设管理体系，帮助我们建立了人才体系，帮助我们建立了工业基础。学习苏联，是我们唯一的选择，也只有苏联能够这样帮助我们。

工程项目管理第二次变革，我们向经济发达的西方国家学习，学习了投资决策的流程，学习了可行性研究的科学体系，学习了项目管理的知识体系。对外开放，引进外资，以市场换技术，以市场换管理，不仅解决了资金短缺问题，同时培养了一批项目管理人才，逐步建立了适应社会主义市场经济的投资管理体制。这些合资企业，形成的管理模式和管理流程，至今仍然是现代煤化工工程项目管理的模板。

工程项目管理第三次变革，目标是明确的：建立适应经济新常态的投资管理体制和工程项目管理体系，助力中国经济高质量发展。这一次我们向谁学习？学习什么？怎么学习？这里我们只讨论石油化工、现代煤化工企业的投资管理与工程项目管理。这两个行业，有许多相似之处，也各有自身的特点，有点殊途同归。有可能形成联合装置，或者和其他产业一起，集成为循环产业。

彼得·德鲁克说：战略，不是研究我们未来要做什么，而是研究我们今天做什么才会有未来。高质量的固定资产投资体制，高质量的工程项目管理体系，不会在未来某一刻从天而降，我们今天所做的每一项工作，都是构成未来的一部分。从现在开始，从当下做起，就是在创造未来。关于石油化工和现代煤化工工程项目管理，主要讨论六个议题。

第一节　基础工程技术的培育

石油化工和现代煤化工，无论是投资质量、投资结构和投资规模，在近几十年都取得了辉煌的成绩。在为这些成绩感到欣慰的同时，也需要常常思考存在的隐忧。假如某一天，我们不能从一些国家获得工艺技术、关键装备、关键软件、核心催化剂、高端功能材料和精细化工品等，结果会怎么样。

要继续保持辉煌的业绩，实现高质量发展的目标，需要筑牢基础，其中基础工程技术是当务之急。这里基础工程技术，主要是指影响现代煤化工和石油化工投资和工程建设的装备和技术，包括工艺技术、核心装备、催化剂、分析仪表、控制系统、设计软件等。在这些基础工程技术方面，或多或少还存在短板。

一是研发机制和开发投入需要完善提升。这些工程技术，在国际上大多是由企业，或者企业性质的专业研发机构开发并拥有。改革开放，经济高速发展使得大多数企业变得浮躁。很多企业把眼前的经济利益放在首要位置，追风逐利，什么挣钱，就干什么，盲目投资扩张，甚至把在五百强的排名作为战略目标。其结果，不但恶化了企业的经营状况，而且丧失了企业发展的后劲。很多企业负债率远远超过警戒线；有些企业现金流断裂，经营陷入困境。

石油化工和现代煤化工，作为技术密集和资本密集型企业，技术创新是企业持续发展，并保持市场竞争力的动力和根基。国际上同类型的跨国公司，长期致力于核心技术的投入和开发，因而能够长期占据市场竞争的制高点，掌握同类市场的话语权。国内企业相比还有较大差距，主要体现在：一是没有明确的长期战略；二是缺乏研发机制和研发投入。

石油化工和现代煤化工的核心工艺技术，是企业的核心竞争力。核心技术的研发，前期的投入，需要若干年后才能有回报。而急功近利的企业，只看重眼前的利益，不注重企业的长远发展，往往不愿意在技术研发上过多投入。这样的企业更注重于规模扩张，收入增长，是一种典型的规模型经济体。这样的企业华而不实，一般比较内虚，一旦遇到某些突发事件，瞬间即可陷于困境。

比如当下以及今后一段时间内，国际油价都会在低位徘徊。现代煤化工的产品和石油化工的产品，具有同质性，有原油价格的影响，价格会长期处于低位。而现代煤化工的原料——煤炭却不会随着国际油价波动。因而现代煤化工的产品价格会长期低于成本。大部分的现代煤化工企业，缺乏技术研发能力和产品开发能力，只能生产专利技术许可的部分产品。这就造成现代煤化工不但和石油化工处于同质竞争的状态，而且，现代煤化工之间也是同质竞争的状态。

在工业软件领域，几乎清一色是进口产品。从工艺计算软件、工程设计软件到工业控制软件，无论是系统软件还是应用软件，在石油化工和现代煤化工工程建设的全过程中，国产软件难觅踪迹。而这些基础软件及其数据知识库，是整个现代工程技术的核心。并且，时间越久国产软件的介入难度越大，介入成本越高。

就石油化工和现代煤化工工程来讲，我们的抗风险能力还比较弱，距高质量的工程管理还有很大的距离。也就是说，我们在工程建设方面所取得的辉煌成就，是建立在一个十分薄弱的基础工程技术之上的。基础不牢，地动山摇，一旦突发意外事件，整个石油化工和现代煤化工工程建设，必将受到较大冲击。

这是石油化工和现代煤化工工程管理短板，也难以满足经济高质量的发展的要求。新经济必然要求新的、高质量的工程管理。高质量的工程管理，需要打牢基础，需要把短板补齐。未来工程管理的竞争，不会体现在规模上，也不会体现在速度上，而是体现在这些基础工程技术上。

要补齐这些基础工程技术的短板，需要有一个机制。这个机制不能完全靠市场经济的自动调节，需要有一个顶层的、全面的规划设计。因为国际市场，并不是一个纯经济的自由市场，而石油化工和现代煤化工企业中，也很难出现华为。所以，需要一个适宜的环境，能够整合科研、高校、企业、工程项目等资源，逐步培育短板基础工程技术，同时还需要开发新的基础工程技术。

第二节　工程项目的决策与定义

高质量的经济发展，需要高质量的固定资产投资。高质量的固定资产投资，取决于四个条件：第一个是高质量的投资决策机制与流程；第二个是有效的评价与纠偏机制；第三个是高质量的投资决策基础；第四个是严格及时的决策失误追责机制。这四个条件相辅相成，既相互制约，又相互促进，共同构成一个高质量固定资产投资决策体系。

一、高质量的投资决策机制与流程

高质量投资决策机制与流程，在这里主要是指，石油化工和现代煤化工企业的决策机制与流程。改革开放四十多年来，企业主要通过四种方式，从西方经济发达国家学习投资决策。现在，基本建成了适应社会主义市场经济的固定资产投资决策机制。如果，仅从流程的形式上看，中国企业的固定资产投资流程，和跨国公司相比并没有太大的区别。

在项目前期阶段，或者在项目选择与决策阶段，都是要编制可行性研究报告、预可行性研究报告，或者机会研究报告。这些报告都要经过评审，然后，由决策层根据投资额大小，分级审批决策。在这些方面，中国企业和跨国公司并无差别。

但是，在实质上和细节上，区别还是很明显。跨国公司的投资决策，遵守统一的原则，按照投资项目的性质，分别制定有针对性的决策流程。中国企业的投资决策，并不对投资项目的性质进行区别，大多按照一个统一的流程进行决策。个别长期在海外投资的石油化工企业，有的按照投资的内容制定决策流程。

现代煤化工企业，到目前为止，基本上还主要是在国内进行投资。这些企业中，有些是煤炭企业纵向一体化战略的布局；有些是电力企业横向一体化发展的结果；还有石油化工企业多元化发展，或者控制资源的战略延伸。无论哪一种情况的现代煤化工企业，其投资决策流程，基本上是不分性质、不分类别、不分内容，统一执行同一个流程。

比如某现代煤化工企业，煤化工项目投资流程和电力项目投资流程是同一个流程。这是两种市场、技术、风险完全不同的产品。电力的市场，具有垄断性，或者至少是相对垄断性。现代煤化工产品，其价格是完全由市场调节。并且，现代煤化工项目所包含的技术和电力项目完全不同。这两种投资性质不同的项目，采用相同的投资决策流程，有可能弱化、忽视现代煤化工项目投资的风险。

某现代煤化工企业，投资一个新型的功能合成材料项目。这是一种具有很好市场前景的产品，符合国家的环保政策，技术经济指标都很好。这种性质的固定资产投资项目，属于企业发展战略的重点，需要以最快的速度投放市场，抢占市场先机。但是，在企业内部的投资决策流程中，要执行和煤制烯烃投资一样的决策流程。等到漫长的审批流程结束后，其他企业已经率先投放市场，结果错过了市场窗口期。

这种不分性质、类别的固定资产投资决策机制，实际上体现出，企业对固定资产投资的认识还不深刻，还停留在程序正确的层面。因为，大多数现代煤化工企业，都是某一个主体企业的一个事业部，是在原有母体的基础上发展起来的。企业在投资流程上，只是增加一个投资类别，基本的流程并没有发生改变。

上面的情况，属于投资决策机制横向粗放。下面，我们再看看投资决策机制的纵向不精细，即决策流程的问题。

石油化工领域里，比较大的跨国公司，对于工程项目的管理，并没有一个十分明显的阶段划分。有的公司，把前端工程设计(FEED)作为决策点；有的公司，把可行性研究报告的批复作为决策点；还有的公司，对投资项目的全生命周期定期进行评估，根据评估结果，随时决策是进入还是退出。无论是选择哪一个决策点，在这些公司的决策流程中，退出机制都是一个必不可少的组成部分。

国内的石油化工企业、现代煤化工企业，基本上都是把可行性研究报告的批复，作为最终的投资决策。也就是说，只要可行性研究报告获得批准，剩下的仅仅是投资额的大小，何时开工以及何时投产的问题。在这些企业的投资决策流程中，一般都没有退出的机制，开弓没有回头箭。

国内石油化工、现代煤化工投资项目，基本上是先确定了投资的具体方向，然后以可行性研究报告的形式，来比选不同技术方案的优劣，论证不同投资规模的效果。比如现代煤化工企业，先确定了投资煤制烯烃项目，然后由咨询单位对几种主流的工艺技术路线进行比选，对不同投资规模的投资回报进行论证。

国际跨国公司在固定资产投资决策的前期，并没有特别具体的投资方向，根据投资机会研究，和公司战略发展，只是有一个大概的方向或者领域。通过可行性研究推荐若干具体投资方向，再通过战略符合性评估、效益与收益综合排序，确定具体的投资方向。

在确定了具体的投资方向后，国内的可行性研究相对比较简单。根据30%资本金，70%融资的资本结构，按照同期商业银行贷款利率，或者由委托单位给出一个计算利率，计算出需要偿还的贷款利息。很少进行专门的融资结构、融资成本和融资方案比对分析。

国际跨国公司由于没有资本金比例的限制，其完全是根据开发方案、融资条件、项目风险、股东利益等，进行综合分析后，选出最适合的融资方案。根据融资方案，决策公司的资本投资。融资决策和财务决策，是项目投资决策的重要组成部分。

通过比对可以看到，国内的石油化工和现代煤化工企业在项目投资决策的前期阶段，对项目的识别和选择过程比较弱化。这是提高固定资产投资质量的关键之一。投资的领域必须和企业的发展战略相匹配，必须对战略形成支撑。在满足这一要求的前提下，具体的投资方向，要有科学的论证和研究，不能行政化、指令化，不能先画圈后打靶。

国内在现代煤化工领域投资失败，形成无效、低效资产的案例中，大部分在这一过程中已经埋下了隐患。后期如果有相应的纠偏措施，可以做出一定的弥补。如果在后期的各个环节，没有对这些失误进行调整，或者甚至逐级放大这种前期的失误，后果就会比较严重。

在选择了具体的投资方向后，从多种实施方案中筛选出几种可行的方案。在几种可行的方案之间进行比选，既是可行性研究的重要工作，也是投资决策的重要步骤。国内的石油化工企业和现代煤化工企业，在这方面的决策程序中也有很大的改进空间。

在一个具体的投资方向确定后，国际石油化工公司的流程要求，在一个项目下的多个方案比选，和多个项目同时排序筛选。某一个项目或者某一个方案，要获得投资的机会，要经过十多道关口的审核评估。每一道审核关口都会有一些非常苛刻的问题，需要在资料收集、风险分析和收益回报等方面进行回答和解释。每一个问题都有可能让该方案出局。

经过十多个关口的审核评估，能够过五关斩六将，走到最后的项目或者方案，应该是具有非常强的生存能力，各项综合指标经得起考验的。这样的项目在项目前期决策阶段，已经对执行过程中的各种风险，进行了充分的分析和论证，并且制定了比较有效的应对措施。在定义阶段，进一步对实施方案，和建设条件进行优化。因此，这样的项目的投资质量至少可以达到国际同类项目的平均水平。

国内石油化工、现代煤化工企业，普遍的流程是，可行性研报告批准后，开始总体设计、基础工程设计。组织一个专家审查会，设计单位根据专家审查意见，对工程设计修改后报批。这种流程更多地是完成规定的程序，对每一个工程设计本身的内容反而并不是很重视。

这是一种纵向的流程粗放，和国际上先进的石油化工企业相比，还有很大的提升空间，也难以实现高质量固定资产投资的目标。

所以，构建高质量的固定资产投资管理体系，需要从横向项目的筛选和纵向的方案优化两个方面同时着手。大型石油化工企业和现代煤化工企业还应该积累历史的投资数据，形成庞大的数据库，以便建立本企业的投资基准和比选依据。

现代煤化工企业，还应该建立本企业的评价体系。虽然，现代煤化工和石油化工有很多类似之处，但是，也有很多自身的特性，比如原料不同区域分布不同等。完全套用石油化工行业的评价指标体系，并不是很准确，有时会产生较大误差。

二、有效的评价与纠偏机制

固定资产投资评价的方法，有静态评价、动态评价、风险评价、敏感性分析等很多方法。其中，静态评价由于没有考虑资金的时间价值，一般用于初步的估算。动态评价考虑了资金的时间价值，常用于投资决策、可行性研究报告等。风险分析有定量分析、定性分析等，具体针对不同的情况，有不同的适用模型。这些方法都是比较常用的、比较成熟的评价方法。

问题是所有的现代煤化工项目，都是使用几乎相同的投资评价方法，为什么有些央企投资的现代煤化工工程项目，形成了巨额负债和大量无效资产，给国家造成重大损失。并且，这样的企业还不止一家，区别在于损失大小不同，而本质上都是一样的。看来具体使用什么评价方法，并不是决定固定资产投资是否正确的关键因素。

有些企业投资现代煤化工项目，虽然从整体上实现了盈利，但是其中也有某些装置、某些工厂无法实现投资回报。有些煤化工企业，为了避免被认定为僵尸企业，将子公司改为分公司。那些投资比较成功的现代煤化工企业，所使用的评价方法、评价体系，和投资不成功的企业都是一样的，甚至有可能是同一个咨询机构进行的评价。可见，咨询机构不能决定固定资产投资是否成功。

固定资产投资一般的程序为：项目建议书、可行性研究报告、项目投资评价、投资决策、项目实施、项目投用。投资评价一般都是作为投资决策的前置条件。由评价咨询机构对可行性研究咨询机构编制的报告进行评价。如果仅从流程上看，和大多数跨国公司的流程相比，并无本质上的区别。

在现代煤化工固定资产投资领域，实际上是借鉴了石油化工投资的流程，几乎所有的企业，特别是国企，都遵循基本类似的程序。国企一般比民营企业、合资企业的固定资产投资流程更规范。但是，仍然没有有效地控制住投资的风险。而石油化工领域固定资产投资，虽然也有无效投资和无效资产，但是总体来看要比现代煤化工比例小得多。看来，国定资产投资的流程，也不是固定资产投资成败的关键要素。

前边提到的现代煤化工投资失误的案例，其实在建设初期就已经表现出明显的症状。厂址的问题，距离原料煤和产品市场都很远，并且关键是没有任何可以依托的交通运输设施。在采用通用技术生产大宗产品的前提下，厂址选择上已经处于竞争的劣势。这一点在项目的可行性研究、投资评估和投资决策中，很容易发现。

原料煤煤质和工艺技术的匹配性问题，也是一个致命的问题。气化技术要匹配原料煤，或者原料煤要匹配气化技术，这是技术选择、原料选择、厂址选择的基本原则，这是现代煤化工固定资产投资项目前期工作的重要原则之一。这一原则显然没有被很好地遵守。

工程设计过程中，所选择的污水处理技术，很明显不能满足国家对工业污水的排放标准，即使建成，也必然面临污水排放不达标，甚至环保验收通不过的问题。这也是一个容易发现的问题，也是可以解决的问题。一直到项目建成后，不能通过环境保护验收，后来违规排放被举报处罚，项目才开始投入更大的资金进行技术改造。

诸如此类的问题，其实还有不少。如果在任何一个点上，及时发现问题，及时采取措施，或者有机会减少损失，或者有机会避免损失。每一个问题应该都会有人发现，至少会提出疑问。但是，为什么没有及时采取措施，没有及时进行止损。看来，发现问题应该不是关键因素，找到解决措施也不是关键因素。最简单的办法是终止项目，虽然前面已经投入的资金无法收回，但是也可以避免后续更大的损失。

这些问题的焦点集中到了决策上。谁可以有权决策投资，谁有权利决策终止，怎么决策投资，怎么决策终止。决策前如何进行评估，如何对待和使用评估结论，如何发现投资偏离，如何获取投资偏离信息，如何及时采取纠偏措施。这些问题涉及高质量投资决策的基础。

三、高质量的投资决策基础

现代煤化工固定资产投资决策流程，基本上是参考石油化工的决策程序。

一般要先有一个项目建议书，或者预可行性研究报告，经过评审后作为投资项目立项的依据。这相当于项目有了正式的户口，可以正式开展投资项目的可行性研究报告编制工作。可行性研究报告编制完成，一般要组织独立的咨询单位，对报告的内容和结论进行评估。最后企业的决策层，按照规定的程序进行决策。

中国的现代煤化工企业，或者石油化工企业里，这是一个通用的、格式化的决策流程。很少有企业对其作出本质性的改动。第一，这个决策流程本身也是国际上通行的流程，没有太大的问题；第二，企业很少在这类流程上进行创新；第三，国有企业没有动力对流程进行改动，民营企业实际上更需要这样的流程。

现代煤化工、石油化工高质量投资决策，取决于三个环节：第一个是投资的可行性研究，第二个是对可行性研究的结论进行评估，第三个是企业里的决策机制。这三个环节环环相扣，依次递进，前一个环节作为下一个环节的前置条件和基础，共同构成了固定资产投资的决策过程。在这三个环节中，任何一个环节脱扣，就不能形成一个完整的决策过程。

可行性研究报告，一般由专业的咨询机构编写，工程设计单位，或者工程公司也可以编制。现代煤化工和石油化工领域里，具备编写可行性研究报告能力的单位，大约二十家左右。其中，大部分为工程公司，专业的咨询机构有五六家。不同类型的单位，在专业特长、专业能力上有所区别。专业咨询机构，对宏观信息、市场动向、政策法规等把握比较全面。工程公司由于以工程设计和工程总承包为主，对技术优劣、投资大小、关键装备等有更深刻的理解。

讨论两个问题，第一个是可行性研究报告编制的质量问题；第二个是可行性研究报告结论的独立性问题。可行性研究报告，是对固定资产投资项目可行性研究的书面成果。可行性，现在主要突出技术可行性和经济可行性，这两个方面通过一套技术经济评价方法联系到一起，最终以一系列财务指标的形式展示出来。

技术的可行性主要是技术的先进性和适用性。技术的先进性主要体现在消耗、效率、可靠性等方面。消耗包括物料的消耗和能量的消耗，这两种消耗越低越先进。表达效率的指标有很多，常用的有转化率、收率、催化剂活性、催化剂寿命、单位产品的消耗等。可靠性包括工艺技术可靠性、催化剂性能可靠性、控制方案可靠性、专有装备可靠性等多个方面。没有也不可能有一个技术，在所有这些方面都是先进的，否则，别的技术就不可能存在了。由于关注的重点不同，技术开发的思路不同，某一个工艺技术可能在某些指标上比较先进，另一些技术在其他方面比较先进。

所以，所谓的技术先进性，最终是一个综合平衡和取舍的结果。每一个工艺技术的指标体系，有公开的，也有保密的。公开的部分可以通过查阅有关资料获取，保密的指标可通过预询价、技术交流等办法获取。无论怎么获取，这些指标是不能编写的，基本上应该是客观的，人为的因素不多。

最终需要综合平衡和取舍，虽然有一些需要遵循的基本原则，但是由于这些原则比较笼统，基本上就是主观因素在起决定作用。一般情况下，这些备选工艺技术，基本上处于一个水平上，就单个技术来讲，无论选择哪一个都不会有太大的差别。

工艺技术的适用性，是一个容易被忽视，但却非常重要的因素。适用性主要包括两个方面：一个是技术对上游来料的适用性；另一个是技术对整个工艺系统的适用性。比如气化技术对原料煤的适用性，变换技术对合成气的适用性等，有些现代煤化工项目，选择了适用性较差的技术，一直无法投入正常运行。相对于第一个方面，技术对整个工艺系统的适用性，更容易被忽视。因为一个完整的工艺系统，往往是由多个工艺技术集成的。集成后的工艺系统，不是其组成技术的简单相加，而是这些技术之间相互耦合，形成一个新的整体，这个整体的功能要大于这些技术的机械叠加。

一个高质量的咨询单位，其能力主要体现在对技术先进性的综合平衡与取舍，以及技术的适用性分析方面。有了推荐的技术方案，将技术指标转化为财务指标，根据对未来原料市场、产品市场的预测，计算各种可能情况。经济合理性，也是一个综合平衡与取舍的结果。前面提到过，有时投资回报率高的方案，投资额也高，潜在的风险也大。投资额低的方案，投资回报率也低，但是风险相对也低。决策的过程，就是对这些因素进行综合分析，选择最适合本企业的方案。

但是，实际投资决策的过程，其复杂程度远不是一个理论分析能够解释的。石油化工企业、现代煤化工企业，固定资产投资的决策是由人来决定的。不同的人可能会选择不同的投资方案，关键是采用票决制还是议决制。如果企业是股份制，以表决权为基础的票决制，可能更能反映主要股东的意志。

如果是议决制，无论有多少建议、意见，最后都有可能，按照权力最大者的意见形成决议。

如果权力最大者，同时也是最大的股东，其效果和票决制应该是一样的。如果权力最大者是一个代理人，根据公司治理理论的研究成果，他会倾向于自己的利益最大化，而不是股东利益最大化，也不一定是企业利益最大化。对于经营权和所有权分离的企业，这是一个客观存在的问题。同时，也是公司治理结构研究领域永恒的课题。

在石油化工、现代煤化工领域中，大多数情况下，很难判断一个投资决策，是代表了股东利益、企业利益，还是代表了代理人的利益。更多的可能是一种混合利益，既有代理人的利益，也有股东和企业的利益。如果股东利益和企业利益所占比重较大，这就算是一个非常正确的、高质量的投资决策。反之，如果只是以企业利益和股东利益之名，行代理人利益之实，就不能说是一个高质量的投资决策。

经济学的理论告诉我们，经济决策的核心是激励，其他理论都是对激励理论的解释。所谓激励，就是促使人们采取行动的因素。石油化工企业、现代煤化工，促使其作出固定资产投资决策的激励因素是什么，这是投资决策研究的核心。不同性质的企业，固定资产投资决策的激励因素不同。同一个企业里，不同人的固定资产投资决策激励因素也不同。

四、严格及时的决策失误追责机制

对于实行委托代理结构的企业，为了防范代理人利用信息不对称的条件，损害股东利益和企业利益，大多数企业都制定了追责制度。在石油化工企业和现代煤化工中，固定资产投资的规模一般都比较大，动辄几十亿、上百亿人民币。一旦代理人有机会主义的投机行为，作出有损企业和股东利益的投资决策，其所造成的损失，非其他决策损失可比。

前面提到的现代煤化工项目投资失误案例，一个企业的投资损失超过了1000 亿元，这足以拖垮世界上任何一个企业。其他损失几十亿元、十几亿元的现代煤化工企业，也不是少数。并非只有那些破产清算、被重组的企业，出现了固定资产投资损失，那些面临关停退出的现代煤化工僵尸企业资产损失也不小。

要减少由于固定资产投资决策失误造成的损失，需要建立有别于其他经营决策失误的追责机制。可以看到，固定资产投资决策，事关一个现代煤化工企业的生死，是企之大事，不可不慎。决策失误追责机制，很多企业都有，但是很少看见哪一家用过。比如很多央企的员工，甚至不知道国有资产管理委员会还有一个部门，叫追责局。

追责的难点在于很难准确判断，固定资产投资决策失误的证据是否可靠。从投资决策的流程上，一般看不出有什么瑕疵。从固定资产投资的效果上，可能能找到一些证据。前面提到的一些现代煤化工投资案例，出现严重亏损的投资项目，应该和投资决策有一定的联系。也有可能是投资项目在执行阶段出现了严重偏差，造成实际投资超出概算较多，导致项目投产后没有竞争力。还有可能是项目建成投产后，由于经营管理不善，造成严重亏损，以至于现金流中断导致破产。所以，投资效果不好，有可能是投资决策、项目执行和生产运营综合作用的结果。

投资的工程项目能够顺利生产出产品，能够实现投资回报，是否意味着投资决策就是正确的呢？以结果论英雄，也不是一个辩证的唯物主义者。因为固定资产投资决策的正确与否，主要是看其决策的目的，也即前面提到的固定资产投资决策的激励因素。目的正确，大多数情况下结果也是好的。目的不正确，也可能出现好的结果。

尽管要判断固定资产投资决策的正误，是一个比较复杂的问题，但是仍然有一些明显的征兆，可以作为追责的线索，比如投资项目的选址、技术比选的适用性等。还有一些虽然不是十分明显的征兆，但是深究其决策的依据，仍然可以找到投资决策的失误点，比如有的项目仅仅由于主观上的担心，或者仅仅因为某一个短暂的时间内市场行情较好等，就盲目决策进行投资。

代理人固定资产投资决策的激励因素，和股东可能不同。因为股东在权衡成本和收益时，是他投入的所有资本的机会成本。而代理人考虑的机会成本，可能只是职务收入。在同样收益的前提下，代理人的收益率，可能要比股东的收益率高得多。况且大多数情况下，代理人可以利用内部人控制和信息不对称的优势，获得比股东更高的收益。

现代煤化工由于固定资产投资巨大，对于投资决策失误的追责，必须及时严格。分阶段对投资决策的过程、项目的进展、投资的效果进行评估，一旦发现投资决策失误的线索，应当立即启动追责程序。追责需要从固定资产投资决策现象，分析梳理决策者的动机，也就是追溯促使其做出固定资产投资决策的激励因素。这样才能使决策过程更加慎重，才能对社会资源、自然资源有所敬畏。

石油化工、现代煤化工固定资产投资决策的过程，实际上是一个权衡利弊的过程。对不同投资方向、不同投资方案的比选过程，是一个成本和效益的比较过程。即使现代煤化工和石油化工有许多类似之处，也是各有自身的特点。现代煤化工固定资产投资，不能完全套用石油化工固定资产投资的评价体系。包括成本计算的体系和效益计算的体系，现代煤化工由于原料和工艺路线的不同，计算参数也有很大的不同。如果不分条件和具体情况，生搬硬套，就有削足适履之嫌，就可能做出不准确的投资决策。

第三节　中国古人的智慧和项目管理

固定资产投资与工程项目管理，在过去70年的历程中，第一阶段主要跟着苏联学习；第二阶段向西方经济发达国家学习。在学习中领悟原理并建立基本建设投资管理体系，在工程管理的实践中提升能力并完善管控机制。现在，工程项目管理又适逢一个历史性的节点，又进入一个新的发展阶段。石油化工和现代煤化工，在技术研发和技术创新方面，在基础工程技术方面，我们仍然需要向发达国家学习，和优秀的跨国企业对标。在固定资产投资决策的流程，以及工程项目管理的科学体系等方面，国际石化行业中的优秀企业，仍然有许多值得我们学习之处。

除此之外，中国古人的智慧中蕴含着深刻的工程管理哲理。这些哲理融天地人为一体，对我们提升工程项目管理质量，建立高质量固定资产投资管理体系，有重要的启示作用。也许，中国古人的智慧，加上西方技术创新和管理创新的机制，将构成工程项目管理第三次变革的基础的重要组成部分。

一、拜水都江堰，问道青城山

在历史的长河中，人类建造了许多世界奇迹。无论是中国的万里长城，还是古埃及的金字塔，都是人类知识、艺术和智慧的结晶。随着社会的发展和技术的进步，人类还将创造更多的奇迹。历史上这些辉煌的工程，都闪耀着灿烂的文明之光。在这耀眼的光辉之下，有一个没有被列入奇迹的工程——都江堰。

一个2000多年前建成的水利工程，不仅使数千万的人民免受频发的旱涝之灾，而且，造就了沃野千里和上千万亩的良田，使川西平原从多灾之地，变成水旱从人的天府之国，并且，至今仍然在为成都平原的人民服务。在中国的历史上，这是唯一的工程。在人类历史上，这也是唯一的工程。

都江堰现在被开发为著名的旅游景区，供游人欣赏巧夺天工的水利枢纽，与自然的山水浑然一体形成的美景。但是，美景只是露出海平面的冰山一角，都江堰的内涵与底蕴，是隐在水面之下的更大的部分，是需要静心冥想，需要用心体悟才能领会其中的奥妙。目之所见是感觉，是表象，是美丽的风景，这只是认识都江堰的第一步；心之所观是抽象，是升华，是自然之大道。

其中，工程项目管理哲学，是都江堰内涵的一部分。现在的人们已经当然地认为，天府之国的成都平原，本来就是如此。两千多年来，无论自然界如何变化，不管是地震之灾，还是山体之变，无论岷江水丰水枯，这片土地上的人们，都风调雨顺、旱涝保收、生活安逸。人们似乎已经忘记了，是都江堰在日夜护佑着他们。他不需要特别的维护，也不需要专人值守操作，却从未出现过故障，也没有出现过停运。

目前，智能化、物联网、云计算等，正在引领第四次工业革命。量子通讯、万物互联、各种新材料等绿色要素的投入，使得我们目不暇接，很快将改变我们的生活，改变我们对世界的认知。一个现代煤化工装置，大约需要七八套自动化控制系统，并且，随着智能化的升级，可能还会增加更多的控制系统。即便如此，似乎也很难避免安全事故，很难避免非计划停车。

把镜头切换到都江堰，这个2000多年前的水利工程。你能从中看到智能化的元素吗？陡峭的山崖和湍急的江水，这种纯自然的、原生态的元素，似乎和现代高科技的智能化搭不上关系。2000多年来，尽管自然的气候变化莫测，但是，成都平原却是水旱从人。鱼嘴、宝瓶口、飞沙堰等，似乎已经成为自然界的一部分，和内江、外江、玉垒山浑然一体。

是什么元素，让都江堰实现了如此高度智能化的自动控制？是什么样先进的、复杂的控制系统，让都江堰2000多年以来，保持如此高的可靠度？是什么样的能源，为控制系统源源不断地提供了2000多年不间断的动力？控制系统采用了什么样的算法和逻辑？

今天，可以用现代的流体力学知识，来解释枯水期和丰水期鱼嘴四六分水和二八分沙的原理，也合理地解释了飞沙堰自动分沙的原理与二次分洪的原理。但是，在将近3000年前，显然是没有流体力学的知识。古人应该有超越水力学知识的智慧，应该有对这一工程项目更深刻的理解。难道这就是大象无形？

不到长城非好汉，长城让人震撼。绵延在丛山峻岭之巅的万里长城，是怎么把无数的巨石、墙砖等建筑材料，运输到山巅，建成如此壮观的建筑。建于4000多年前的古埃及金字塔，至今留下未解之谜，那些重逾两吨多的巨石，是怎么被如此精确地各就各位。

人们对于工程技术的好奇与探索，促使一代一代的考古学家、科学家，不断地以现代人的思维方式，去解释这些神奇的工程。人们所能做的，就是让这种解释更符合现代人的思维逻辑，更符合现代工程技术的原理。工程哲学，需要探索的是隐含在工程技术之中的、工程项目管理的思维逻辑和指导原则。工程哲学，往往需要借助特定的工程技术来体现，具体的工程技术中必然隐含着工程哲学。

有工程就会有维护，维护与工程如影随形。古老的长城和金字塔，每年要花费巨额的维护费用。现代的化工装置和煤化工装置，既需要日常的维护，又需要定期停车检修。一个常规的煤经甲醇制烯烃装置，仅每年的日常维护费超过3亿元人民币，大约每两年就需要把整个装置停下来，做一次全面的检查和修理，并且为了保障可靠性，关键设备、关键系统都需要设置冗余和备用。而都江堰，不间断地运转了两千多年，很少有高难度、大额度的维护费，并且从不需要停车检修，也无需备用和冗余措施。

水利设施最常见的清淤清沙，在都江堰的设计中，被处理得巧夺天工。完全依靠自然的力量，使岷江水中大部分砂石进入外江。进入内江水中少部分的砂石，被自动归集到飞沙堰。只需定期安排清除归集到一起的砂石即可，而无需其他的维护和检修。即使今天现代化的大型水利设施，也很难做到这一点。一个完全做到了免维护的工程项目，难道这就是大道至简吗？

在经过了鱼嘴的第一次分水后，在宝瓶口进行第二次分水。第一次初调和第二次精调，对于成都平原的灌溉系统来说，已经达到了一个极为精确的程度。再加上宝瓶口的节流效应，奔腾的江水，瞬间变得平静温柔，不仅可以灌溉，还可以航运。这一系列自动控制的设施，浑然天成，鬼斧神工。能够在两千多年前，将自然科技和人文理念演绎到如此极致的境地，难道这就是道法自然。

作为郡守的李冰，治理水患，造福一方百姓，为秦国提供更多粮食和更多兵员，是其基本职责。在这一目的之下，是什么驱使他的思想作如此构思。万物生于有，有生于无，今天所有的解释与推测，都是基于存在的设施。这些设施，是如何在李冰的思维过程中，一步一步从萌芽到成熟，最后变成了这个伟大的工程。对这个思维过程的研究，可能对工程项目管理第三次变革，有重要意义。

二、北宋皇宫重建工程

在中国的历史上有许多规模巨大、技术极其复杂、蕴含着深刻工程哲理的工程项目，如秦始皇兵马俑、京杭大运河等，其中有一个案例颇能体现项目管理的哲学智慧。

北宋真宗年间，一场大火把皇宫烧成了灰烬。皇帝的三宫六院、家属亲眷、奴仆太监等众多人员只能临时安置散居。这对皇家来讲，既不方便，也不安全。重建皇宫就成了一件非常紧急、也非常棘手的事。皇帝毕竟是一个聪明的老板，知道什么事应该交给什么人做。于是，召见了晋国公丁谓，将皇宫重建工程的重要意义、要求和紧急程度交代一番，限期完成。

晋国公接到任务后，也感觉到困难重重、压力巨大。曾经做过工部侍郎的他十分清楚，按照常规的建设模式，完成任务的可能性微乎其微。况且，这是皇帝设定的目标，其考核结果，轻则贬谪流放，重则杀头，可不像现在这样简单，其追责的机制和及时性是极为严苛的。作为天子任命的天下第一号项目经理，此时面对压力和困难并没有慌乱，而是十分冷静理性地梳理了工程项目管理的紧要问题和重要问题。

首先，他挑选了一些在工程管理方面有经验、有能力、有技术的官员和专家，组成了项目管理团队。根据各人的特点和特长分别任命了不同的岗位，明确各岗位的职责、权限和资源。

其次，他把皇帝给他的目标和要求，进一步分解成各个岗位的指标和要求，并对这些细分的指标提出了更明确、更具体的考核要求。为各个岗位设定了子目标、绩效指标和奖惩标准。

最后，他带领这个项目管理团队反复踏勘现场、路径，并反复开会讨论。归纳出影响项目建设目标的主要因素有三个：第一个是建筑垃圾，大量的灰烬、瓦砾、焦土怎么处理，怎么清理出去，清理到哪里，虽然都是一般固体废弃物，但是数量达到一定程度，就变成了一个很大难题了；第二个是建筑材料，重建皇宫需要大量的各种建筑材料，需要上好的木材，需要砖瓦和泥土砂石，这些建筑材料从哪里来，木材和石材只能从产地来，砖瓦、泥土和砂石从哪里来；第三个因素是物流，大量的建筑垃圾要运出去，大量的建筑材料要从全国各地运到京城。当时的物流手段只有人力、畜力和水力，也就是只有两条路径，陆路和水路。以当时的运输能力计算，陆路运输在这么短的时间内，是无法完成这么大的运输量的。而东京皇宫，也就是现在的开封，既不靠海，离江河也有很远的距离，怎么解决。

晋国公对重建皇宫这一项目的特点和难点梳理清楚后，又召开多次会议讨论对策。各个部门、各个岗位都提出了很多建议对策和方案，但是众说纷纭、莫衷一是，始终没能达成一个统一的意见，也没有形成一个有效的解决办法和实施方案。他闭门谢客，根据大家提出的各种方案的优势和劣势、风险和可行性，沉思静虑数日后，决定向皇帝汇报项目的实施方案。

皇帝也正想听听，他任命的这个项目经理到底打算怎么来实施这个紧迫而重要的项目，毕竟这是当前最大的政治任务，便立即传召，请晋国公上殿汇报工作。

晋国公简要汇报了接受任命后做了哪些主要工作，分析了皇宫重建项目的特点和难点，需要的资源和预算，以及项目和哪些部门单位有关系，需要哪些部门和领导支持帮助等项目的利益相关者之间的界面关系。重点汇报了项目面临的建筑垃圾、建筑材料和物流三大难题。真宗皇帝听后，也感到确实难以解决，请众大臣出谋划策，提供咨询建议。众位大臣云里雾里、天文地理、之乎者也一通。皇帝听得迷迷糊糊，不得要领，只好又问丁爱卿意下如何。

晋国公上前一步奏禀：皇宫重建项目遇到的三个难题，单独来看都没有办法在有限的时间内有效解决。但是，如果把这三个难题放在工程项目这个大系统中，作为一个整体来考虑，或可尝试一下。先把皇城与最近的河流之间挖通，挖出的泥土一部分用来烧制建筑用的砖瓦雕饰等，一部分用作其他建筑材料；挖土形成的沟渠引入河水，变成了可以行船的水道，并且直通皇宫重建工程项目的施工现场。装船码头和卸船码头，就在施工的工位上。这样可以避免建设施工现场的临时仓储设施，既节省了本就十分紧张的施工空间资源，也避免为了无效的临时仓储设施而浪费宝贵的人力、建筑材料和财政拨款。同时也避免了建筑材料的二次倒运，可以大大优化工期和投资，为在限定时间内实现工程项目的目标，奠定了坚实的基础。全国各地的木材、石材等建筑材料，可以通过四通八达的水路交通网，直接运到施工现场。并且由于水路运输能力的优势，建筑构件的尺寸可以按照实际尺寸制作，不用受道路运输的限制，避免了大构件分拆预制产生的技术问题和费工费料问题；重建项目竣工后，将作为物流水道使用的沟渠中的水抽回河道。将大火焚烧留下的原有建筑垃圾，以及重建过程中产生的新的建筑垃圾，填入沟渠形成新的通衢大道。

晋国公详细汇报了他构思的实施方案，然后缓缓说道，这一方案会在皇宫重建工程项目竣工前，给皇城中的王公大臣、达官贵人、商贾富豪，以及平民百姓的日常工作和生活带来很多不便，请陛下圣裁。

这一类案例体现出了中国古人在工程项目管理上的智慧，也构成了工程项目管理哲学的重要组成部分。这其中既蕴含着深刻的系统论和运筹学思想，也体现了师法自然和静能生慧的哲学思想。

三、庖丁解牛的工程哲学

庄子《南华经》中有一篇寓言："庖丁为文惠君解牛，手之所触，肩之所倚，足之所履，膝之所踦，砉然响然，奏刀騞然，莫不中音。合于桑林之舞，乃中经首之会。

文惠君曰："嘻，善哉！技盖至此乎？"

庖丁释刀对曰："臣之所好者道也，进乎技矣。始臣之解牛之时，所见无非牛者。三年之后，未尝见全牛也。方今之时，臣以神遇而不以目视，官知止而神欲行。依乎天理，批大郤，道大窾，因其固然。技经肯綮之未尝，而况大軱乎！良庖岁更刀，割也；族庖月更刀，折也。今臣之刀十九年矣，所解数千牛矣，而刀刃若新发于硎。彼节者有间，而刀刃者无厚；以无厚入有间，恢恢乎其于游刃必有余地矣，是以十九年而刀刃若新发于硎。虽然，每至于族，吾见其难为，怵然为戒，视为止，行为迟。动刀甚微，謋然已解，如土委地。提刀而立，为之四顾，为之踌躇满志，善刀而藏之。"

读庄子的这篇文章，那些优美的文字仿佛化成一个栩栩如生的场景：

老板文惠王（委托方）站在旁边，身体微微前倾，目光随着庖丁的动作上下左右地移动，两臂和两只脚似乎也在配合目光的移动而抖动，口中不时发出“啧啧”的称叹。

项目经理庖丁（代理方）表情庄重，双手合十默默对天祈祷，然后转身对站在旁边的牛，口中念念有词，作揖行礼后绕牛一周，对牛凝视片刻，忽然左手高高举起，又轻轻放下，缓缓地从牛头到牛尾抚摸着。这头牛微闭双眼，一副怡然自得的样子。庖丁绕着牛前后左右，时而用肩膀贴在牛后腿之上，时而用膝盖顶住牛的前腿之侧。天上似乎飘来美妙的舞曲，隐隐如天籁、如神曲，伴着庖丁翩翩起舞。

这一刻，庖丁与牛似乎融为一体，分不出牛是庖丁的一部分，还是庖丁是牛的一部分。

庖丁浑身似乎变成了流动跳跃的音符，其拍、顶、踏之声，宛若音乐节拍之音。随着庖丁一个太极收势，牛已经被分解为大小不同、形状各异的部分，如投影图像般摆放在地上。

此时的文惠王好似大梦初醒，击掌赞叹道“你的屠牛技术太高超了！”。

庖丁收刀入鞘，双手抱拳，缓缓地说道“臣专注于探求事物的自然规律，超过了对屠牛技术的追求”。

紧接着，庖丁通过自身求道、修道和得道的经历，向文惠王详细传授“道与技”“体与用”的关系及修道的历程和体验。

臣刚开始学习屠牛的时候，两只眼睛看到的都是活生生的牛，不停地咀嚼和甩尾，就像普通人看到的一样，无从下手。在屠牛的过程中，臣不仅仅是用四肢和眼睛，而更多地是用心去体悟。尽管牛有长幼、大小之不同以及地域品种的差异，但是基本结构都是相同的。经过多年的实践、总结、再实践，臣眼睛看到的是牛的外形，头脑中呈现的是牛的骨骼结构和筋肉的纹理。用手一拍，臣便知从何处下刀，往何方行刀，在哪里停刀。臣常常独自一人，闭目沉思：牛是由哪几部分组成的，牛的活动规律与其身体结构有何关系，为什么牛的骨骼结构和筋肉纹理是这样的。经过数十年的体悟，臣已经做到了眼中无牛而心中有牛。心中之牛已经没有了实像，若有若无，时而是不同骨骼和筋肉组合成的一个整体，时而是一个一个独立的部分。

臣刚开学习屠牛之时，一天解一头牛。被解之牛在痛苦中挣扎，四条腿乱踢、牛头乱摆，巨大的牛身经常把我撞翻在地，两只绝望的牛眼中不停淌出眼泪。回到家中，浑身骨头像散了架一样，一下子瘫倒在炕上一觉睡到天明。好像在解牛的同时，我自己也被肢解了一样。第二天醒来，浑身的疲劳虽然解除了一些，但是疼痛感却越来越强，往往要旬日才能恢复。

如今，臣屠牛完全凭感觉，刀刃随着心意游走在骨节之间，顺着筋肉之纹理，当行则行，适可而止，如人行走在高山之谷、森林之隙，无阻无滞。不会触及筋肉，更不会碰到骨骼。被解之牛仿佛在享受梳理牛毛，又仿佛在被抚摸挠痒之中进入了另一种状态。

优秀的厨师(项目经理)，比较了解牛(项目)的基本结构，同时也掌握了一定的用刀技巧。经过多年的屠牛实践，在技巧和技能上已经十分熟练，他们可以很熟练地避免刀刃碰到骨骼，是用刀刃切割筋肉。所以，刀刃通常不会卷曲或者崩裂，只是刀刃与筋肉的摩擦，时间久了会将刃口磨钝。所以优秀的厨师通常一年要更换一把刀，才能正常开展屠牛的工作。也正是由于这样的原因，优秀的厨师往往止于熟练的屠牛技术，满足于已有的成绩，而不再深入思考和探索解牛技术的普遍规律。

当然，优秀的厨师(项目经理)陶醉于娴熟的技术，既受其求道的迫切程度的影响，也受社会环境的制约。个人追求功成名就、位高爵尊、名利双收等这些层面的目标，很容易止于技术层面。因为娴熟的技术为达到这些目标创造了条件，足以带上一个亮丽的光环。如果再处于一个浮躁的环境，功利思想充斥其间，急功近利之徒如鱼得水。在这种情况下，能够耐得住寂寞，潜下心来追求真理之人，是需要极大勇气和已经感悟到真理的力量的人。

普通的厨师(项目经理)，由于眼睛看到的只是一头完整的牛的外形，缺乏对牛的身体结构的了解，不知道一头牛是由哪几部分组成的，更不知道各个部分之间是什么关系，搞不清楚筋肉和骨骼之间的联系，所以屠牛之时往往无从下刀。

这一方面是由于实践经验不多，技能的熟练程度不够，因而对牛的身体结构和组成缺乏深入和全面了解。另一方面，在屠牛时只是用手和眼睛，没有用心去体悟，因而虽然解牛的年头很长，但是仍然缺乏对牛内部结构的了解。

这样的厨师(项目经理)在解牛之时，只是机械地模仿别人的动作，不知道从何处下刀，不知道往哪里行刀，不知道何时止刀，遇到筋肉就割断，遇到骨骼就砍断，刀刃常常崩裂卷曲，用不了一个月，刀就无法再继续使用了。

到目前为止，我这把刀已经用了 19 年了。我用他至少已经屠解了数千头各种各样的牛。这把刀仍然像是刚刚开过刃的一样，丝毫没有损坏。

一边说着，庖丁把刀递到惠王面前。惠王用手指顺着刀刃捋了一下，啧啧称奇。庖丁继续说道：牛的骨节之间都是有间隙的，这样才能保证灵活地运动。但是，我的刀刃很薄，几乎没有厚度。这样，刀刃在骨节之间游动自如，根本不会碰到骨骼和筋肉。所以，刀刃也不可能磨损和崩裂。我这把刀已经用了 19 年，虽然屠解了数千头牛，仍然像是新研磨的一样。

即使是这样，每次我看到普通的厨师解牛，其眼神游移，手脚忙乱，大汗淋漓，气喘吁吁，我都反观自己，沉思良久，提醒自己哪些地方要引以为戒，戒骄戒躁，避免轻狂，避免大意。

每次解牛，我都当成第一次，聚精会神，行为谨慎，心无旁骛，专注于每一个动作，忘记了“我”的存在。直到一声“哗啦”，一头整牛被分解成大小不等、形状各异的部分，有规则地散落在地，我才如梦初醒，提刀而立，环顾四周，慢慢从梦境中走出。

工程项目管理如解牛，一个工程项目的控制与工艺、工艺与设备、化学反应与物理变化、动量与能量之间的关系，如牛之血液、筋肉、纹理、骨骼之间联系，分之则为独立之系统器官，合之则为一完整的生命。一个优秀的工程项目管理者，既要能够目视工程项目的整体，更要学会神遇各部分之间的联系。以工程项目管理之道，用游刃有余之技，方可到达一个高质量工程项目管理之境界。

第四节　工程哲学与项目管理

一、工程的本质

目前，主要把工程项目作为科学技术转化为现实生产力的途径，作为工艺技术、产品技术的延伸和载体。这是一种被动的工程项目管理，没有发挥出工程项目的平台整合作用，没有发挥工程项目的集成创新作用。中国经济高质量发展，有其深刻的内涵。高质量的固定资产投资与工程管理，首先体现在工程项目管理的理念上。

如果说，在第一次工程项目管理变革中，我们认识到，工程项目是建造工业基础设施的方法；工程项目是科学技术、文化艺术转化为生产力的平台，这是对工程项目管理第二次变革的理解；工程项目管理第三次变革，需要在此认识的基础上，再增加一层理解：工程项目是一个集成创新的平台。集成（Integration），是把孤立的事物或者元素，用约定的规则和方式联系在一起，形成具有特定功能的系统。集成不是构成系统的元素的功能简单相加，集成的系统具有完全不同的功能，这本身就是创新。

关于自然的知识和活动，可以分为科学、技术和工程，三者之间既相互关联，又有区别。工程是技术、艺术和资源的集成体，工程的理念和活动要体现明确的价值取向。工程学家 Ralph J. Smith 认为："工程的本质就是在观念中设计装置、程序、系统，有效解决问题并满足需求"。戈德曼认为：工程知识和科学知识，是有根本区别的两类知识。

对科学家来说，具体事物只是普遍性的例证。在科学家的世界中，事物的特殊性是可以忽略的。而工程师却必须处理特殊的个别事物。科学活动，要产生一些关于事物是什么样子的描述，其核心是发现。工程活动，要产生从来不存在的事物，无中生有，其核心是创造，而创造需要设计。所以，设计是工程的核心。从微观的分子设计、技术开发的实验设计和概念设计，到具体工程项目和工程技术的工艺设计，以及装置的工程设计，每一个环节都体现出设计的核心作用。

凯恩认为，在工程设计中运用的是启发法，启发法有四个特征：

启发法不能保证一定会解决问题；

一种启发法可能和另外一种启发法冲突；

在解决问题时，启发法能够减少选找答案所需要的时间。

是否采用某种启发法以及如何采用，要根据具体问题的情况（context），而不是根据一个绝对的标准而定。在绝大多数工程设计中，所需要运用的并不单单是某一个启发法，而是需要运用一组启发法。于是，凯恩引进一个术语——艺术状态（state of art），用于评判代表最好工程实践的一套启发法（a set of heuristics）。

由于不充分理性（insufficient reason）的客观存在，工程问题的答案，或者工程问题的"解"不是唯一的。所以，工程项目的结果，是确定性和不确定性的统一。工程项目的这一特征，要求工程项目有清晰明确的目标，这是约束工程项目结果不确定的第一要素。在现代煤化工领域，大部分的工程项目，对这一问题的认识还不是很清晰。这可能是现代煤化工固定资产投资项目的失误率，高于石油化工最主要的原因之一。

殷瑞钰给工程本质所下的定义：工程的本质，可以理解为是利用各种知识、技术和各种相关的基本经济要素，构建一个新的存在物的集成过程、集成方式和集成模式的统一。特别强调了工程本质的集成功能，可以从三个方面解析：

第一，工程是各种要素的集成方式，这种集成方式是与科学、技术相区别的，这是工程最本质的特点。工程的集成性，是其区别于科学的发现性和技术的发明性最明显的特征。

第二，工程所集成的要素包括了技术要素和非技术要素(主要是基本经济要素)。这两类要素，构成了工程的基本内涵。非技术要素，也是工程的重要内涵，例如经济、人力、市场、资本等。有些工程项目，也会集成文化艺术要素。

第三，工程的进步，既取决于技术要素的状况和性质，也取决于一定历史时期社会、经济、政治、文化等非技术要素的状况。工程都是在特定的历史条件下，在具体的建设环境和建设条件下实施的。

二、工程哲学

工程项目管理，涉及科学技术、经济文化、法律伦理、艺术自然等诸多元素，各元素之间存在多种复杂的关系。为了满足在政治经济、文化审美、社会生态等多方面的需求，在规划设计、建造运营中，需要设置多元的价值目标。仅仅用纯粹的技术、经济方法，来解决现代工程项目管理问题，已经不能满足经济新常态对工程建设的要求。需要从哲学的视角进行思考，从中提炼出普遍的规律，作为指导工程项目管理的方法论和价值原则。引导工程项目建设与生态环境、人文社会、政治经济协调发展。

毛主席说：哲学就是认识论。就是要处理好工程项目的经济目标与社会目标，近期目标与长远目标，生产目标与生态目标，技术目标与艺术目标、功能目标与人本目标等之间的关系。

工程哲学，研究的是工程活动的一般性质及其发展的一般规律，是现代哲学的一个新分支，以工程活动的整体为研究对象。一般来讲，工程哲学研究的是，在工程过程中出现的各种问题，并给予分析。包括工程决策和战略的哲学问题，工程科学、工程技术和工程项目的关系和转化问题，工程项目建设和产业发展布局关系问题，工程规划实施与社会影响关系等。

工程和工程哲学，有不同于科学和科学哲学的特点。工程哲学，研究工程项目领域的认识论和本体论。2004 年，美国工程院工程教育委员会，把《工程哲学》列为当年主要研究项目，并成立工程哲学指导委员会。主要有形而上学、认识论、伦理学、工程教育四个研究方向。

李伯聪《工程引论——我造物故我在》一书中，用过程分析和范畴分析的方法，从科学、技术、工程三元论的角度，界定了工程的边界：科学活动是以发现为核心的活动，技术活动是以发明为核心的活动，工程活动则是以建造为核心的活动。

2004 年 6 月，徐匡迪在中国工程院工程哲学座谈会上指出"我们应该把对工程的认识提高到哲学的高度，要提高工程师的哲学思维水平"。并于同年底，成立了中国工程哲学专业委员会。

在工程和哲学之间，存在多条鸿沟，如果有人想跨越这些鸿沟，那么他就不可避免地，要遇到根植于哲学文化，和工程文化内部的、无形的抵抗。从现代科学看，设计师微不足道，可是，从工程的观点看，设计确实是最重要的，这是创造的核心工作。设计师应该承担起把哲学融入工程的任务，用哲学的思维去思考每一个工程项目的本质。把工程项目的本质，落实到固定资产投资的目标体系中，落实到规范标准中，落实到设计文件和图纸中。

工程界，大多把工程项目管理理解为一门专业。由此，工程项目，要经过技术经济可行性研究，科学评估论证合理性等一系列科学的程序。哲学这种虚无缥缈的东西，既解决不了费用、也解决不了进度等实际问题。讨论工程项目管理哲学，很少能引起兴趣。因为这名字看起来就不"实用"，比较空泛，对解决具体工程项目管理问题，似乎没有什么帮助，离工程项目管理日常工作，似乎比较遥远。

实际上，讨论工程项目管理哲学，不仅有用，而且在工程项目管理的日常工作中，我们一刻也没有离开过。正所谓"道不远人"。固定资产投资的决策，表面上看是一个技术经济问题，是一个投资回报问题，是一个企业发展战略问题，本质上却是一个哲学问题；工程项目的安全、质量、环保等方面，形式上体现为法律法规和标准，实际上反映了人与社会、人与自然环境的关系，反映了一个企业的价值观和世界观，反映了一个企业的发展观。

"是什么使火箭安全？你确定吗？真的确定吗？要以符合美国国家航空航天局(NASA)严苛标准的方式答出这问题，你不仅需要掌握工程学知识，还需要懂得认识论(知识的哲学理论)和形而上学(质疑现实本质的哲学分支学科)。”这是美国石英财经网站2018年11月16日的报道。

该报道说：哲学家亚当·卡特和尼尔·麦克唐奈以及NASA的研究员C.迈克尔·霍洛威，共同负责的一个项目。为了在NASA建立一套对安全的正式认知，攻读安全工程哲学博士学位的学生，应该确立“在因果、解释、证据、理由、风险、知识、认知和价值等研究问题上的立场”，而且必须努力学习“因果形而上学和形而上学解释”，以及“运气与风险、合理推理和认知规范的认识论”。

虽然，安全工程和哲学听起来像是一个奇怪的配对，但是别忘了每一个博士(PhD)学位，其实都是“哲学博士(Doctor of Philosophy)”学位。这也反映出了一种观念，即任何被研究到这一深度的学科都会进入到哲学领域。哲学研究，是对所有知识的基础进行的研究，如果没有通过哲学获得的知识，NASA那些了不起的太空旅行就永远无法成行。

三、工程伦理

工程与伦理，是一个老话题，也是一个新话题。工程项目是人造物，必然涉及经济社会、政治文化和自然生态等诸多要素。有工程项目，就会有伦理的问题，只是认识到与认识不到，自觉还是自发，或者认识程度深浅的问题。人们在赞叹那些辉煌工程项目的雄伟、工程技术之神奇的时候，是很少想到工程伦理问题的。

20世纪70年代，工程伦理已经在欧美西方国家兴起。从90年代起，有些跨国石油公司，开始把工程伦理的知识用于工程项目管理。一开始，主要用于对工程师的伦理教育(ethics education)，帮助处理职业伦理问题，并将其写入项目管理的程序文件。其主要目的，是对工程项目从业人员的职业伦理进行引导和培训，以避免给工程项目和投资企业造成负面影响，进而影响企业的价值。

工程伦理，除了是一种适用于一个组织成员的行为标准外，还应该适用于作为一个理性事业的工程项目本身。工程伦理，贯穿于工程项目的全过程、全方位。从投资的机会研究、决策评估、可行性研究、工程设计、建设运行等，无论是整体上，还是每一个环节，实际上都会受到工程伦理的影响。用于工程项目从业人员的伦理规范，应该源自投资项目的工程伦理。工程项目从业人员的伦理，会通过投资决策、工程咨询、工程设计、装备制造、工程施工、项目管理等每一个环节，渗透到工程项目每一个部分，并且作为工程项目的基因信息，影响工程项目的全寿命周期以及整个生产运行期。

工程伦理，在实践上，还主要集中在对工程师的职业伦理教育和培养。有些西方国家，把工程伦理作为工科学生的必修课，是取得工程项目执业资格的必要条件。在工程项目建设过程中，对工程师进行定期职业伦理教育，是必须的程序。有些国内高校，也开设了工程伦理的课程。在具体的工程项目中，目前，还没有实质开展工程伦理方面的工作。

工程伦理教育，对于工程师非常重要，对于决策者也很重要。1986 年 1 月 28 日，挑战者号在发射升空 73 秒后，发生爆炸燃烧，7 名人员全部遇难。工程师在发射前，已经发现问题。发射时的环境温度，比设计温度低大约 10℃。但是作为美国宇航局，以及发射承包商，为了其商业利益，都选择忽视这一问题。作为航天飞机发射的主管梅森，有一句名言“收起你那工程师的姿态，拿出经营者的气概”。

波音公司的 737MAX 机型，公司高管、工程师，一开始就十分清楚其设计缺陷。为了弥补这一设计缺陷，他们专门设计了控制程序。而正是这一设计缺陷，加上配套的控制程序，连续发生多起严重空难事故。面对全世界的质疑，波音公司仍然试图掩盖、搪塞。在全世界停飞这一机型的巨大压力下，才不得不对外公布事情的真相。工程伦理，在现实利益面前显得如此脆弱。仅仅依靠市场机制构建工程伦理的体系，看来还是远远不够。

美国是工程伦理教育和研究开展比较早的国家，也是在工程师资格认证中，较早引入工程伦理内容的国家。但是，波音公司作为一家美国制造业的支柱企业，一家和公众生命安全密切相关的跨国公司，在工程伦理上的作为和表现，让我们认识到，在商业利益和工程伦理发生矛盾的时候，工程伦理的力量是如此的弱小。

国内化工企业，每年都要发生多起着火爆炸、毒气泄漏事故。这些事故，不仅使企业的员工失去了宝贵的生命，而且对周围社区，也造成了巨大的财产损失和安全环保威胁。比如天津滨海新区危险化学品仓库的爆炸、江苏响水化工园区爆炸，造成了大量人员伤亡和财产损失。某现代煤化工企业，将化工污水排入当地饮用水源和地下水系，严重影响了人民生活，破坏了当地的生态环境。

恩格斯说："我们不要过分陶醉于对自然界的胜利。对于每一次这样的胜利，自然界都报复了我们。每一次胜利，在第一步都确实取得了我们预期的结果，但是，在第二步和第三步却有了完全不同的、出乎预料的影响，常常把第一个结果又取消了。"

"创新、协调、绿色、开放、共享"的发展理念，对工程伦理提出了更高的要求。在固定资产投资和工程项目管理全过程中，从投资决策、工程设计、制造安装每一个环节的决策者、工程技术人员，都需要把新发展理念落实到具体工作中。这本身就是工程伦理需要开展的工作，是一种工程道德责任的体现。

如果把工程项目的可行性研究仅仅看作技术经济比选，把固定资产投资决策仅仅看作对财务指标的选择，既不客观，也不全面。工程项目的可行性研究，无论是有意的还是无意的，都会受到某种价值观的影响。每一个固定资产投资决策，都是一个价值观和世界观的具体体现。这就是工程哲学的范畴，也是工程伦理的范畴。

四十多年改革开放，经济高速增长，物质生活极大丰富，同时，人的精神普遍变得浮躁。精致的利己主义、功利主义的政绩观，在固定资产投资决策中，体现为各种形式。有些表现已经突破了道德底线；有些为了一个徒有虚名的排名，豪掷数百亿元盲目扩张，名义上是为了企业，实际上是个人沽名钓誉。

石油化工和现代煤化工工程项目，具有技术集成度高、投资规模大、高温高压、易燃易爆等特点。安全风险和环境风险较高，对公众安全和生态环境影响较大。尤其需要有正确的工程哲学和工程伦理，以做出经得起历史检验的投资决策。正确的投资决策，是工程项目承担社会责任的基础。

社会主义市场经济体系，不是简单的公有制为主体加上西方经济学。是在以人民为中心，以共同富裕为目标的前提下，最大限度地提高要素的生产力和配置效率。是以人的素质提高和道德修养提高为前提，以敬畏自然、热爱事业、尊敬人权为基本要求，所激发出来的创造力和生产力。这正是新发展理念的内涵，是工程哲学和工程伦理的要义。

工程项目管理第三次变革，需要把新发展理念，转化为具体的工程哲学的指导思想和实践，转化为工程伦理的思维准则和行为标准。对于石油化工项目和现代煤化工项目，需要把这种工程哲学和工程伦理作为纲领，来统领工程技术、工程管理和投资决策。目前，在现代煤化工工程项目建设中，投资决策，基本上停留在对技术经济的比选上；工程项目管理处于投资控制和进度管理的水平上。

工程哲学是工程项目的灵魂。都江堰水利工程，两千多年来生生不息，滋养庇护着成都平原的生命，蕴含在可见工程之中的工程哲学，才是她的灵魂，是她的精神。工程伦理，除了是工程师和决策者的行为准则，同时也是一个工程项目的道德体现。都江堰水利工程，两千多年来精确控制了各种水文工况，其可靠性之高，其对维护管理要求之低，正是她的道德体现。

第五节　其他学科与工程项目管理

一、工程项目的集成功能

项目管理，是人类从自然界进化出来的一种社会活动，是宇宙运行规律的一种体现形式。远古时期人类的狩猎活动，通过自然形成的分工与协作，达成捕获猎物之目的，就是一种非常朴素的项目管理活动。随着人类有意识的活动逐步增多，项目管理这种活动形式体现的领域越来越广泛，从简单的家庭事务到复杂大型的工程项目建造，无不体现出项目管理的朴素规律。

人们在对组织和事物进行管理的过程中，逐步认识到“项目”这类事物有其自身的特点和规律。人们在不同性质的工作中，从不同的角度探索和研究管理这一类事物的原则、方法和工具，揭示项目管理内在的运行规律，形成了体系化的理论框架，和系统化的原理及方法论，使得“项目管理”从管理学的领域中独立出来，形成了一个独立的分支学科。

对于工程项目管理，目前普遍的认识是作为科学技术转化为生产力的一个过程。实际上，这只是看到了工程项目的一个侧面。除此之外，工程项目作为集成创新平台的作用，也许更加重要。当然，工程项目管理的能力不同，集成的水平也会不同。工程项目的集成度，应该成为衡量工程项目管理绩效的主要指标。

系统论的一个核心观点是：系统的整体功能，是组成系统的要素在独立状态下所没有的性质。工程项目，是一个开放的人工系统，科学技术、装备材料、人力资金等，各种经济元素和非经济元素，按照一定的结构、时序和规则，形成一个有机的整体。

一个工程项目所具有的功能，不是各组成技术、装备的简单相加或者机械组合。每一个组成要素，都是按照约定的规则，处在一定的流程节点，起着特定的作用。这些组成要素，相互关联与衔接，构成一个不可分割的整体。工程项目虽然由要素构成，但是如果将某一个要素，从整个工程项目的整体中独立出来，他将失去要素的作用。

比如，一个常规的煤制烯烃项目，是由煤气化、水煤气变换、气体净化、甲醇合成、甲醇制烯烃(MTO)、烯烃分离以及烯烃聚合等工艺技术构成，按照整个工厂的总体质量平衡、能量平衡、动量平衡的计算结果，考虑项目的具体工程要求，进行配置形成一个完整的工艺流程。这个工艺流程，不是这些工艺技术的简单相加。正是由于工厂总流程的集成功能，使得这些工艺技术，作为一个要素发挥出最佳的功能。如果把某一个工艺技术独立出来，比如水煤气变换技术，从总流程中独立出来，它只能表示在特定的反应条件和催化剂作用下，某种化学反应机理及其平衡关系。

其他集成，如把控制系统、电气系统和装备集成，使其具有自动开停、自动调整的自组织功能。构成集成系统的每一台设备、元件，从一开始就不是按照一个单独的设备进行设计的，而是按照工艺流程的参数要求，把它们按照一个有机的整体系统，用一个完整的程序把它们集成在一起，使其按照一个构成要素在整体系统中的作用发挥功能。

我们眼睛看到的，仅仅是工程项目集成平台的第一层。支撑第一层发挥功能的，是看不见的自动控制程序，以及各种参数之间的关系，比如联锁逻辑、自锁整定等。这些逻辑关系、工艺参数单独看来，只是一些数理逻辑关系和数据，没有任何实际意义，但是把它们集成在一起，这个整体系统就具有了灵魂，这应该算是第二层。支撑第二层的是，化学反应的机理、机械原理、电气原理、自动化控制原理等自然科学原理，以及技术经济学、工程学、经济学、系统论等社会科学。

科学是对自然和社会运动规律的发现和探索，是对客观现象的解释和描述，是认识自然的过程，是改造自然的起点。技术是把科学原理，用于解决某类具体的问题，所进行的研究、开发、创新、发明等工作的集合，技术具有独享的经济价值。工程是把技术要素和非技术要素，按照一定的规则进行整合与集成的社会活动，具有特定的价值取向，具有明显的目标导向。

二、经济学和工程项目

从上面可以看出，工程项目是多种学科的集成。其中，自然科学的学科，和一个具体工程项目涉及的专业有关。工程项目除了涉及自然科学外，还集成了多个社会科学学科。社会科学学科，往往和工程技术没有直接的联系，但却是工程项目必不可少的要素。梁思成认为：建筑的节奏、韵律、构成形式和感受等方面，都与音乐有相似之处。歌德说："建筑是凝固的音乐"。说明工程项目中集成了音乐艺术、美学艺术等。

对于石油化工和现代煤化工项目，现代经济学是这个系统中一个关键要素。工程项目是一项社会活动，同时也是一项经济活动。固定资产投资是第二产业发展的基础，工程项目是投资转化为资产的活动。所以，每一个具体的石油化工、现代煤化工工程项目，都是在一定的政治社会和经济环境中，遵循特定的经济规律，集成的一个具有特定功能和价值的平台。

工程项目管理中的"供需"关系，本质上是一个经济学问题，是由多个不同层次、不同性质的供需环节构成的一个有机整体。企业或者一个组织作为需方，通过市场获取所需要的工程项目，用以调整产品结构、拓展市场，实现战略发展目标，或者改善基础设施。作为提供资源的市场，有些是相对有限的，有些是相对充足的，有些具有价格弹性，有些缺乏价格弹性，还有些具有垄断性质，或者相对垄断性质。

工程项目前期阶段所需的资源，以咨询和技术为主。关于咨询的资源，笼统地看，可以承担某类工程咨询的市场资源很多。石油化工投资项目、现代煤化工投资项目，对于咨询单位的选择，原则上没有特别的限制条件。具体可以参考发改委网站，具有化工医药行业咨询资信证明的单位，都是可选择的资源。

咨询的产品是咨询报告，比如可行性研究报告、评估报告、设计方案等。可行性研究报告，有相对规范的格式，但是仅从格式是无法评判其质量的。咨询是一个很大的市场，工程咨询是其中一个很窄的领域。石油化工、现代煤化工的工程咨询，又是工程咨询中比较小的部分，而其中固定资产投资咨询，是这个小部分中的小部分，这是一个小市场，是一个垂直细分的市场。

在这个小市场中，咨询产品的质量是没有客观评判标准的。大多通过一些间接条件来体现比如咨询机构的规模、业绩、荣誉等。但是这些间接条件，能在多大程度上代表其咨询产品的质量，是有疑问的，即使名气如麦肯锡这样的咨询公司，也有不少不成功的案例。大多数情况下，主要是通过感觉、印象等非客观的因素进行判断。

除了没有客观标准用于评判咨询产品的质量外，由于技术保密、商业保密等因素，咨询服务的供方和需方还有信息不对称的问题。信息不对称给这个小市场的选择，进一步增加了难度。古典经济学的原理中，有多少能够用来指导这个小市场的运作，是需要专门的工程经济学来解答的，甚至需要石油化工和现代煤化工工程经济学回答。

这就是石油化工、现代煤化工工程项目，在项目前期投资咨询的市场环境。如果不考虑这一细分的、具体的小市场的情况，显然是偏离了实际。

和其他工程项目的技术市场相比，石油化工、现代煤化工也有其自身特点。由于工程项目是多种技术的集成，而主要的、关键的工艺技术、装备技术，被少数几个公司掌握。这些核心技术，基本没有弹性，不会随着市场价格的升高而增大供给。有些关键设备，还以专利设备、专有设备、专利商推荐设备等形式，和专利技术捆绑销售，形成一个绝对垄断或者相对垄断的市场，形成一股市场势力，阻碍或者限制竞争。这就是工程项目前期技术市场的客观情况，也是石油化工、现代煤化工工程项目，在技术选择时所处的经济和市场环境。

在工程项目定义阶段，所需要的资源主要是工程设计。一个石油化工工程项目，或者现代煤化工工程项目，少则要集成十几个设计单位，多则需要几十个。这些工程设计单位，既需要按照专业分工各自独立开展工作，也需要在统一的原则和计划框架内，紧密协作步调一致。如果仅从工程设计资质、工程设计业绩上，很难判定工程设计单位与具体工程项目的最佳匹配。基本上也主要是根据主观的判断，结合招投标的情况进行选择。将这些不同专业、不同特点的众多工程设计单位集成在一起，是工程项目的基本功能之一，决定了工程设计以及工程设计集成，在工程项目中的核心作用。

但是，集成不是堆砌，不是机械地组合，而是按照一定的规则，在时空之间、专业技术之间、工艺流程之间，按照一个完整工厂的总体规划和总体流程，有机衔接和耦合在一起，形成一个新的、具有特定功能和价值的整体。体现在具体的工程设计管理中，就是需要总体策划、总体规划、总体设计、物料平衡、能量平衡和动量平衡等。这既需要物理上的衔接，也需要工艺上的耦合，更重要的是需要逻辑上和原则上的统一。

如果忽视这个具体的市场条件，不考虑这个特殊的经济环境，有可能造成资源错配。有些工程设计单位，为了能够中标，采取各种竞争手段。其结果是质次价低的资源取得优势，造成所谓的劣币驱逐良币现象。这种资源错配，或者叫供需失衡，既不能满足投资方和建设单位的需求，实际上也不能满足中标方的真正需求，同时造成了市场无序。

上面这些因素，加上其他一些特有的因素，共同构成石油化工、现代煤化工工程项目的经济学基础。这个经济学，既包括古典经济学中一部分原理，更多地包括现代经济学的新理论，还包括这个小市场的特殊条件。对于一个投资规模较大的石油化工项目，或者现代煤化工项目，仅仅进行技术经济分析，还是不够的，有必要从工程经济学的角度进行分析。

经济学研究社会如何管理自己的稀缺资源，由决策和交易构成。相应地，工程经济学，需要研究工程项目建设如何管理自己的稀缺资源，研究工程建设过程中的决策和交易规律。经济学的基础是：人都是自私的、利己的，他所盘算的只是他自己的利益。受一只看不见的手的引导，尽力达到一个并非他本意要达到的目的，在整体结果上促进了社会利益。

经济学家通常用图形和方程式构建的模型来解释世界，所有模型都建立在一些假设之上，并且用不同的假设来回答不同的问题。其中有两个最基本的假设：

理性人假设(经济人)，以利己为目的，试图以最小的经济代价获取最大的经济收益；

完全信息假设，市场上每一个经济主体，都对有关的经济信息完全了解。

实际上，这两个假设在现实经济生活中都是不存在的。一些人往往拥有比其他人更多的信息，而且这种拥有信息的差别，会影响他们做出的决策以及他们如何交易。石油化工和现代煤化工投资决策阶段，涉及的咨询市场和工程设计的市场都具有这种信息不对称的现象。人在大多数情况下，都不是纯理性的，经常是一种感性和理性的混合体，只是有时感性的成分多一些，有时理性的成分多一些。

政治经济学中，关于解决市场失灵问题的理论表明，不同的政治制度和经济管理体制，对市场的影响有很大的区别。中国特色社会主义经济体制，和西方的市场经济体制不完全一样。即使西方市场经济国家之间，经济体制也不完全相同。而工程建设市场，和其他的市场也存在不少差别。石油化工和现代煤化工工程建设市场，和其他的工程市场相比，具有明显的特殊性。导致市场失灵的两个主要原因，外部性和市场势力，在石油化工和现代煤化工工程建设市场，往往表现得更加突出。

近年发展起来的行为经济学，考虑了人的决策习惯和心理影响因素，认为人的决策大多数情况下，是理性和感性的综合，不可能做到纯理性。人们往往过分自信，尤其是身居高位的投资决策者，更重视从自身的经历中获得的经验和细枝末节，并且经常固执到不愿意听到不同的观点。而现有的机制，特别是国有企业的决策机制，对固定资产投资决策的纠偏机制比较弱化，从而丧失了纠正投资决策偏离的机会。

这些因素，构成了工程建设经济学的基本条件。工程领域中，从理论研究到工程实践，大多情况下把工程造价和技术经济简单地等同于工程经济学。实际上，这是两个不同的概念，也是两个不同的研究领域。工程管理较少考虑经济学问题，经济学家也很少顾及工程项目管理这一细分领域的经济学问题。在中国经济新常态的大环境下，在社会主义市场经济理论构建的过程中，工程项目管理和经济学融合交叉，形成工程管理经济学正当其时。

第六节　自然界的智慧和项目管理

新中国基本建设投资和工程项目管理的历史，就是我们不断学习的历史，是把学习的知识用于工程实践的历史，是在工程项目的建设实践中，不断总结和提升的历史，也是不断创造辉煌业绩的历史。人类一切优秀的文化和知识，都是我们学习的对象。需要向国际上优秀的石油化工企业，学习技术开发、技术创新的机制，需要学习他们善于把成熟的经验提炼归纳为系统的管理理论。

同时，自然界在数亿年的进化中，通过优胜劣汰、自然选择，能够生存下来的生物，必然顺应了某种自然的规律。对这些规律的认识，有助于加深对工程项目的认识。工程项目被定义为社会活动，是需要不同专业、不同岗位、不同技能的人，通过分工与合作，为了共同的目标进行的有组织的活动。

动物界也有类似的活动形式，蚂蚁搬家、蜜蜂家族、狼群效应等，也体现出这种自然朴实的规律。只是从人类的观点来看，那些都是无意识的、本能的活动，不能名之曰“管理”，也不能称之为“项目管理”。但是，不能否认这也是宇宙大道的种种体现形式，是普遍规律在具体事物上的体现，是这一生命体生生不息最有效率的方式。

追求效率是宇宙运行的规律，是自然界万事万物运行的规律。沙漠缺水干旱，阳光强烈，空气干燥，昼夜温差大。生长在沙漠的植物，大多是针叶植物，根系发达，茎秆粗壮成绿色。这就最大效率地利用了宝贵的水资源，使其用于植物自身的生长，而不是被蒸发掉。并且，很多沙漠植物在干旱的季节，能够自动转入休眠状态，在雨季能够最大限度地吸收水分，快速生长。

凶猛的猎豹捕食猎物，是把所有的精神和力量，都凝聚到它跃起的那一刻。因为，一旦它这一下扑空，再次捕获目标的机会不大了。所以，它不会在和目标没有关系的事情上浪费任何精力，必须把精神和力量集中到目标上。因为效率的高低，可能决定了它的生存和灭亡。

人类在漫长的进化过程中，进化出一种独特的能力—思维。这种独特的能力，大大提高了人类的生存能力，拓宽了人类利用自然资源和社会资源的范围。这种独特的能力，使得人类有别于其他的动物。

同时，人类对自然资源的利用效率，比不上植物，行为的效率比不上动物。但是，宇宙赋予了人类思想的能力。思想是人类有别于其他事物的标志。思想效率的高低，是人类相互之间产生差异的根本原因。

人类思想的效率主要受制于人类自身，其次受限于客观的环境。当人类认为只能在陆地活动的时候，就不会有轮船；当人类认为天空是鸟类的世界时，就不会有飞机；据统计，迄今为止人类制造的物体的质量，已经超过了30万亿吨(地球的质量是5.972×10^{24}千克)。所有这些物体，无一不是人类先在头脑中构思，然后再通过人类的活动，将其变成实体。也就是一个无中生有的过程；是一个创造的过程；是一个创新的过程。当然，这些头脑中的构思，需要客观的触发因素。

宇宙在把效率的规律赋予自然界的同时，也赋予了人类。人类社会一直在孜孜以求、苦苦探索改善效率的途径和方法。不同的社会制度实际上体现的是对效率问题的不同认识；不同的组织形式，实际上体现的是探索效率问题的不同路径；不同的治理结构，实际上反映了改善效率的不同方向；不同的管理理论，反映了提高效率的不同方法，至少是在某一个特定的阶段，或者某一个特定的时期，对效率问题的认识。当然，这个效率是站在以人类为宇宙中心这个角度，来思考问题的。再具体一点讲，是在某一个特定的时期，某一个特定的人类群体，对效率问题的探索和思考。

宗教组织有效率高低的不同，政府组织有效率高低之别，企业组织之间的效率相差也同样很大。一般来说，小企业的效率比大企业高；民营企业的效率比国有企业高；创业时期的效率比发展时期的效率高；危机时期的效率比平稳时期的效率高；项目的组织结构比职能组织的结构效率高。

宇宙赋予自然界以效率的规律，是最大化其物种和群体的生存条件和生存质量。而人类对这一效率规律的理解，往往会出现偏差。有时过于追求某一个方面，而忽视了其他方面；有时过于关注局部效率，而牺牲整体效率；有时只顾眼前的短期利益，而不顾未来长远的利益。

人类把认识和解释这种宇宙规律的知识，进行总结和归纳形成了认识世界，认识自然的哲学。随着技术进步和工业化发展，把对组织管理的知识，从哲学中分离出来形成了管理学。

20 世纪中期，有些国家和组织，实施一些大型的工程项目、军工项目和战略项目。要有效实施这些项目，需要动员大量不同专业、不同行业、不同地区、不同国家，甚至是不同文化的组织和人员，需要解决不同领域和不同类别的技术难题、工程难题和组织管理难题。为了探索这些难题的解决之道，不同专业和不同领域的人从不同的角度，用不同的方法进行了尝试和研究，并逐步开发出行之有效的管理工具和方法论，在欧美先后形成了“项目”和“项目管理”的概念和理论体系，奠定了项目管理的科学基础。

第七节　工程项目的效率

以人民为中心的发展理念，需要满足人民群众对美好生活的向往。人民对美好生活的向往，有物质和精神两个方面。仅就物质生活方面来说，一个国家生活水平的高低，取决于其物质生产的效率也即单位劳动投入所产出的产品和服务的数量。工程项目，作为物质生产的一个重要方面，同样要把提高效率作为头等大事。

工程项目的效率，可以定义为单位劳动投入，所产出的工程量、产品量和工作量。一般物质生产的效率可以直接衡量，即产出的产品或者劳务的数量与投入的劳动之比。工程项目的生产效率，相比一般产品，不是那么直接。

工程项目不是劳动投入的最终产品，建设工程项目的目标是通过项目形成的资产，生产市场上需要的产品。所以从工程项目到最终产品，中间要经过工程建设这一过程。

衡量工程项目的效率，必须要考虑两个环节。第一个环节也是最直接的环节，是工程项目建设的效率，即单位劳动投入产出的工程量和工作量。建筑工程和安装工程等施工活动，可以用工程量来衡量，比如单位劳动投入建造的建筑面积或者体积、安装的吨位或者延长米数等。工程设计和工程咨询等活动，可以用工作量衡量，比如单位劳动投入设计的标准图纸数量、咨询报告的数量等。

对于现代煤化工和石油化工工程项目，第二个环节是更重要的环节，工程项目建成投入生产，最终目的是为了生产产品，并通过销售市场需要的产品，收回投资并获取利润。一个现代煤化工工程项目，或者石油化工工程项目，通过竣工验收转入商业化运行，其所生产的产品的数量，是生产企业在工程设计的生产边界内，生产企业劳动投入所生产的产品数量。从这里可以看到，一个现代煤化工企业，或者石油化工企业，其所能生产的产品数量的可能边界，是由工程设计确定的。

不仅生产的可能性边界是由工程设计确定的，其所投入的劳动的数量，也和工程设计密不可分。过去，一个年产 60 万吨聚烯烃的现代煤化工企业，定员一般在 1600 人左右。现在，同样规模的现代煤化工企业，只需要不到 1000 人。这一方面是由于操作技能的提高、生产管理水平的提升所致，一个更重要的原因是装置的自动化水平和智能化水平提高，替代了劳动的投入。工程项目的效率，通过企业的生产效率来体现。

提高工程项目的效率，是石油化工和现代煤化工工程项目第三次变革的重要目标之一。要实现这一目标，需要从项目建设和生产运行这两个环节着手。第一个环节比较直接，体现出来的工程项目建设的显性效率相对比较容易衡量，隐含的产品生产效率则主要通过第二个环节体现；第二个环节的效率提升，哪些是由工程项目贡献的，哪些是由生产运行产生的，不大容易界定。现在，一般认为工程项目建成投产后，经过竣工验收移交给生产企业，就已经和工程项目无关了。

这种认识，会产生一些错误的理念和管理理论。工程项目管理界如果认为，生产运行的效率和工程项目建设无关，就不会过多地关注工艺效率和生产操作效率的集成；生产运行管理界如果认为，工程项目建设的效率和生产运行关系不大，就不会在工程项目前期和定义阶段，投入更多的精力进行效率设计。现在的实际情况是，工程项目管理只关注第一个环节的效率，突出体现在抢进度。前些年，有些现代煤化工工程项目，为了和其他工程项目比进度，到了不惜代价的地步。工程项目建设中，产生的大量变更，大部分和违反工程建设规律、盲目抢进度有关。

工程项目管理第二次变革以来，无论是第一个环节，还是第二个环节的效率，都得到了明显的提升。工程技术的进步，不仅体现在工艺技术的突破上，在工程装备上体现的更加明显。设备的大型化、工程材料的优质化、控制系统的智能化等，都显著地提高了工程项目的效率。以前需要两台并联的设备，现在一台即可满足要求；以前需要分段组装的大型设备，现在可以整体吊装；以前需要多人操作的设备，现在可以实现自动控制，实现无人值守。

但是，石油化工企业的运行效率和国际上先进的企业相比，总体上仍然有不小差距。现代煤化工企业的运行效率，仍然需要向石油化工企业对标学习。无论是工程建设效率、生产效率，还是资本效率，和先进的石油化工企业相比，尚有不小差距。从工程项目的角度看，在工程设计中，需要将生产运行效率作为一个主要目标，进行效率设计。

效率设计包括工厂效率、装置效率、单元效率和设备效率等几个层面。通过模型计算，或者通过简单的对标，确定工厂和装置效率，作为工程设计的目标和考核指标；将工厂效率和装置效率，分解到单元效率和设备效率，进行选型设计和配置设计。再将所选设备按照工艺流程配置，进行整体效率核算，达到或者优于所设目标，即可完成效率设计。

第五章

对工程项目管理问题的思考

前面所列的四类问题，只是在一定的范围内，站在建设单位的视角，对现代煤化工和石油化工工程项目的认识。就像盲人摸象，摸到的可能只是大象的一个部分，或者算是管中窥豹，所见只是一斑。即使是建设单位，也可能有许多不同的观点。因为建设单位有很多岗位，不同的岗位职责不同，看问题的视角也不同，甚至相差很大。商务管理岗位和进度控制岗位就经常意见不一致。费用控制岗位和生产代表的意见也经常相左。

所以这里所讨论到的概念和形成的判断，从形式逻辑上看，不一定很严谨，主要是为了用通俗的语词，把有关工程项目管理的问题分析清楚，以便能够给更多的人以启发，去思考第三次工程项目管理变革。

问题是矛盾的产物。工程项目管理所面临的这些问题，也是工程项目管理矛盾的体现。新的经济形势、新的经济环境，必然对投资与工程项目管理提出新的要求。这种新要求，同不适应不协调的工程项目管理体系之间的矛盾，是目前工程项目管理所面临的主要矛盾。

同所有的事物一样，工程管理的矛盾，也是在运动中逐渐发展变化的。新的体系还处于萌芽状，旧的体系还占据着主导地位，是主要矛盾的主要方面。新的体系是有生命力的体系，是代表未来的体系，会逐步壮大。新的工程项目管理体系，不是凭空而生的，也不是从天而降的，是在旧体系的基础上产生的，是工程项目管理新旧体系矛盾运动变化的结果。

我们所需要做的工作，是创造这种转化的条件和环境，主动发现旧体系中那些不适应和不协调的问题。解决这些问题的过程，就是培养新体系和改造旧体系的过程，就是促使工程项目管理体系第三次变革的过程。

第一节　对工程项目管理理念的思考

《辞海》中给理念的定义：理念是看法、思想和思维活动的结果，是理论、观念。通常是指思想，也可指表象或者客观事物在人脑中形成的概括的形象。观念进一步强化抽象，上升到理性的高度，就会形成理念。

认识论告诉我们，人们对客观事物的认识，是一个由浅入深不断深化的过程。认识的发展，是由生动直观到抽象的思维，由感性认识到理性认识的过程。

感觉知觉，是人们感官接触事物所引起的对事物的形象反映。人们应用某一感官认识事物，便认识到事物某方面的属性。多种感觉反复出现，人们就会发现各种属性之间的关系，就会形成知觉。直觉反复刺激人脑，就会在人们的记忆中留下印象。相关事务的印象强化提升，就会形成观念，再进一步抽象成为理念。所以，理念是思维活动和思维过程的结果。

人类用词语、概念和判断等语言形式，来表达对客观事物的认识，来表达对客观事物的性质和关系所形成的理念，来解释客观世界发生的现象。

理念是行为的先导，行为是理念的外在表现。“创新、协调、绿色、开放、共享”是我国今后一个时期的发展理念。要适应经济新常态的要求，需要树立新的发展理念。工程项目管理，要满足经济新常态的要求，同样必须落实和践行新发展理念。

理念决定行为方式，行为方式产生行为效果，行为效果又会对理念产生修正，使理念发生转变。这是理念与行为之间的辩证关系。

40 年前，中国放弃封闭的政策，实行改革开放，由计划经济转变为社会主义市场经济，打开国门谋发展，融入世界促发展，前提是我们转变了发展理念。40 多年来的经济社会发展实践，经过不断的总结归纳和提炼，也不断地修正我们的发展理念。最终形成了现在的新发展理念，即创新、协调、绿色、开放、共享。

这一新发展理念，是中国现在乃至今后相当长一个时期内，指导经济社会发展的目标、动力、路径和方法。只有理解新发展理念，并将其转化为自己对经济发展的认识，上升为多数人的理念，才能变成强大的发展动力。

在投资和工程项目管理领域，之所以存在不适应经济发展的问题，其根源还是出在发展理念上。形势发生了变化，环境发生了变化，理念没有相应的发生变化。刻舟求剑，故步自封，既不研究经济发展的规律，也不学习理论知识。其思想认识还停留在数年前，甚至还停留在小农经济的水平。

对比一下中国的经济发展，越是开放的地区，越是市场经济作用发挥得好的地区，经济发展越好。比如珠三角地区、长三角地区、沿海地区等；越是经济落后的地区，越是封闭，各种行政壁垒和约束越多，政府干预市场经济的行为越普遍，地方保护主义越盛行。

这不是经济发展落后的唯一原因，还会有地理位置、资源禀赋、水文气候、历史文化、社会环境等诸多影响因素。在这所有的因素中，理念是第一因素。如果你认为，由于地理位置、历史文化、资源禀赋，是制约经济发展的主要因素，你就会认为，经济发展落后是理所应当的。你对经济发展有这样的认识，就会形成指导你行动的发展理念。用这样的理念指导你的行为，地方保护、干预市场、限制竞争、行政壁垒等是必然的结果。经济发展落后，只是一个综合反映。

如果这是大多数人的理念，会形成一种文化氛围，达成一种共识，这就形成了一种势力。这种势力，就是阻碍地区经济发展的势力，是一种落后的势力。

多数人用这种理念管理经济，管理投资和工程项目，会产生一种畸形的结果。这种结果，反过来会激发管理者的成就感。成就感又会进一步强化这种管理理念，形成恶性循环。

据说以前有些落后地区，以被确定为贫困县为荣。因为贫困县不仅不用给国家作贡献，反而可以从国家获得补贴，可以从对口地区得到帮助，不劳而获，何乐而不为。所以说，扶贫要先扶志，就是要转变理念。

理念是思维的结果，是长期实践和不断学习的结果。正确的理念，来自于对事物的本质属性，以及事物之间相互关系的分析思考；错误的理念产生于对事物假象的认识。

树立新发展理念，首先要保持开放和主动学习的心态，对新事物不排斥，对旧观念不固执，勇于自我革新，敢于自我革命。其次要勇于实践，实践出真知，实践是检验真理的唯一标准。通过实践检验发展理念，通过实践不断修正发展理念。

拓宽视野，开阔眼界是转变发展理念的方法之一。经济发达地区对标的是世界发达经济体。经济欠发达地区可以对标经济发达地区。在投资环境、建设条件、市场机制、政府服务等方面，经济发达地区提供了现实的示范。

理念可以学习，可以借鉴，但是不能简单地复制。理念是人们对客观事物的规律已经有了一定的认识后，经过抽象升华形成，然后以词语(包括声音和文章)的形式，对客观事物进行说明和诠释。任何理念都有自己的局限性，都有特定的适应范围。

建筑工程项目和现代煤化工工程项目，尽管都属于工程项目的范畴，管理理念上有很多共同的本质特征，可以互相借鉴学习，但是，又都有各自特有的属性，有各自特有的管理理念，不能简单地复制。

石油化工项目和煤化工项目的管理理念，不仅可以借鉴工程项目管理领域的先进理念，也可以从其他管理领域学习和借鉴，甚至需要从非管理领域获取灵感和启发。因为工程项目管理不是孤立的，而是和其他事物相互联系的。

新发展理念把创新放在第一位。因为这是中国经济新常态下，驱动经济发展的第一动力。创新也同样是提升工程项目管理的第一要素。要改变旧的工程项目管理体系中，那些不适应不协调的部分，只有通过创新这条路。用创新的理念去变革工程项目管理体系，用创新的机制去替换旧的机制；用创新的流程去优化旧的流程，用创新的方法去指导工程项目建设。只有这样才能实现工程项目管理第三次变革。

创新工程项目管理管理体系不是目的，而是手段。工程项目管理体系，是为工程项目建设服务的，是为了建设高质量、高效率的工厂。这样的工厂要能够持续高效创造价值，能够融入自然环境，形成和谐共生的系统，能够为客户提供优质的产品，能够为投资者创造有效的回报，能够为国家高质量经济发展提供支撑，能够肩负起应有的社会责任，能够使员工获得幸福和价值实现。

对于石油化工项目和现代煤化工项目管理来讲，一个高质量的工程项目，是一个有灵魂、有精神的项目，而不仅仅是一个钢筋混凝土的集合；应该是一个有生命的系统，而不仅仅是一个设备管道的物理组合；应该是一个留下烙印的、具有个性的艺术品，而不应该是一个流水线生产的复制品。

一个石油化工和现代煤化工工程项目建设的参与者，应该心怀敬意，集中精力，全神贯注。你的精神会成为项目精神的一个元素，你的灵魂会熔铸到项目的灵魂之中。项目建设的工作是有时空限制的，而项目的精神和灵魂，却不会受时空的限制。所以需要你以无限之心，做好每一件有限之事。这是一种理念，也是一种情怀，心中无物，方可手中有物。

第二节　对工程建设市场机制的思考

一、市场配置资源

人类从诞生之日，就开始了对资源配置方式的探索。原始社会生产力极其低下，公有制和平均分配成了唯一的配置方式；奴隶社会和封建社会，生产力水平有所提高，出现了生产资料私有制，自给自足的配置方式占据统治地位，国家和市场，对社会生产和资源配置的作用都很有限；资本主义社会，技术进步推动手工作坊转变为机械化大工业生产，生产效率空前提高，生产高度社会化，社会经济活动的内在联系越来越密切，社会化生产各要素之间的关系越来越复杂，市场经济在资源配置中逐步占据主导地位。

随着资本主义的发展，完全放任的自由市场经济，也逐渐暴露出一些问题。周期性的经济萧条，特别是 19 世纪 30 年代初的经济危机，催生了凯恩斯主义经济学。政府的适当干预可以弥补市场经济自身的不足，可以弥补市场失灵产生的缺陷，以及对经济社会的负面影响。

19 世纪末兴起的行为经济学，动摇了古典经济学的基础，因而也对古典经济学的理论体系提出了质疑。实际上目前世界上大部分的经济体，都是以市场机制的调节作用为主，加上适当的政府干预。

二、社会主义市场经济对资源的配置

20 世纪 80 年代初，中国从计划经济转向市场经济，开启了改革开放和经济体制改革的序幕。经过四十多年的实践探索、归纳总结，对社会主义市场经济的规律，已经有了比较完整和清晰的认识。让市场在资源配置中起决定性作用和更好发挥政府作用，成为中国政府和社会的共识。

人类社会发展的历史证明，当经济规模发展到一定程度，社会治理达到一定的水平，产权制度基本清晰的条件下，市场是资源配置最有效的方式。市场经济通过价格机制、供求机制和竞争机制的协同对资源进行配置。

市场经济规律在高效率配置资源的同时，也会带来一些问题，即所谓的市场失灵。所以让市场在资源配置中起决定性作用，但不是全部作用。要全面理解社会主义市场经济的内涵，需要对市场的决定性作用和更好的政府调节作用，有辩证的、全面的认识和理解。

市场对资源配置的决定性作用，是由市场经济规律的本质决定的。市场的调节作用，像一只无形之手，通过供求机制、价格机制和竞争机制，自动地对所有的市场主体的经济行为进行调节，使之自动地达到一个动态平衡。一旦某个因素打破这个平衡，市场主体会按照新的条件调整供需，从而趋于一个新的平衡。在这个动态平衡的过程中，资源得到最优化配置。

所以，凡是市场机制能够发挥调节作用的地方，一定要充分、完全地交给市场。

事物总是一分为二的，市场有配置资源的效率性，同时还具有盲目性、自发性、逐利性、外部性等导致市场失灵的因素。具体表现为：

1. 市场调节可以解决效率问题，无法解决公平问题

市场机制遵循资本和效率原则，资本越雄厚在竞争中越有利，效率提升的空间越大，收入与财富向资本与效率的集中程度越高。从而使得财富越来越向少数富人转移，造成贫富差距拉大。这一方面加剧了社会矛盾，增加了不安定因素；另一方面集中到一定程度，会影响整个社会消费水平，生产效率降低和资源效率降低。

2. 市场的自发性和逐利性易形成垄断

竞争是市场调节机制的动力。竞争越充分，市场机制的调节作用发挥越充分。但是市场经济的本质决定了，完全自由的竞争，会导致垄断。垄断反过来限制竞争，削弱市场机制的调节作用。垄断由于可以获取超过边际成本的超额利润，会起到抑制资源效率的作用。垄断还会阻碍技术进步，阻碍管理创新。

3. 市场的自发性和盲目性会导致公共产品供给不足

公共产品在消费过程中是非排他的，没有特定的交易对象，边际消费成本为零。如免费的公园、公安、国防等公共产品，其生产的目的不是为了交易，不会给投资者产生回报。市场机制不能调节自动生产这些公共产品。但是这些公共产品又是必须的，是人民美好生活的一部分。

4. 市场机制的逐利性和盲目性具有外部性

市场主体在生产和消费过程中，会使其他主体受损或受益。使其他主

体受损的外部效应，叫负外部性。负外部性本质上是生产和消费成本的外部化。但是市场主体的逐利性，决定了他们不会为此增加成本，而是放任负外部性的产生。如石油化工企业、煤化工企业、造纸企业、制药企业的排污，养鸡场的臭味等，都会对环境造成破坏，影响其他人的生活和生产。

三、政府与市场的关系

关于市场的失灵，我们只列举和工程项目建设市场关系比较密切的几个方面，还有其他方面，不再一一列举。对于市场失灵，不能很好发挥调节作用的地方，政府的宏观调控就要准确及时补位，弥补市场的局限性，这就是更好发挥政府作用。让有形之手和无形之手，手拉手向前走，让市场的盲目性限制在一定范围。

在市场调节和政府调控这一对矛盾中，政府调控是矛盾的主要方面，市场调节是矛盾的次要方面。因为政府掌控了大部分的关键资源。政府可以动用国家赋予的行政权力。政府可以干预市场，市场反过来干预政府的能力却非常有限。

所以政府调控居于主导地位，市场调节处于从属地位。市场调节在哪些方面发挥决定性作用，政府调控在哪些地方发挥更好作用，主要取决于政府，不取决于市场。在一段时期内，这种矛盾主次方面的地位不会发生根本性的变化。但是，随着实践的检验，对市场经济规律的认识不断加深，政府治理能力不断提高，目前部分地区这种对市场的管控力度会逐步弱化。市场调节和政府调控这对矛盾的主次关系，会逐渐地发生转化，会逐渐达到一个比较均衡的状态。

国家的政策方向，已经是十分明确和清晰的，具体是如何落实。毛主席说过“正确的政治路线确定后，干部就是决定因素”。

中国是个大国，是一个发展中国家，经济发展很不平衡、不充分，地区之间产业布局、经济结构相差很大。不可能一刀切，统一设置一个标准。但是这其中要处理好思想和行动、想法和做法之间的关系。

虽然地区差别、经济发展不平衡客观上存在，但是在认识上和思想上不应该区别对待，应该有一个统一的认识和统一的思想。统一到发挥市场调节在资源配置中的决定性作用，和政府更好调控作用上。这样才会有行动的意识，行动才会有方向感。同时，也才会有检验行动正确与否的标准，才会有正确措施纠正偏离的行为。

四、石油化工和现代煤化工建设市场的资源配置

工程项目建设市场，涉及资源要素多、技术要求高、地域范围广、人员结构复杂、领域性质覆盖面大等问题。比如共性方面有市场诚信体系建设、法治环境、规章制度等；具体到石油化工和现代煤化工工程建设市场，除了共性的问题外，还有许多个性的问题。比如资源要素涉及技术研发、工程咨询、装备制造、工程设计、信息与控制、地质与矿产、检测试验、工程施工、操作运行等。

特别是石油化工和现代煤化工工程项目建设，很多情况下需要采用具有垄断性质的专利技术、专利设备，或者具有相对垄断性的专利技术和专利设备，或者具有政府垄断性的资源，或者选择具有行政垄断性的企业、机构或组织，或者选择具有自然垄断的企业。这种情况过去存在，现在存在，将来也会存在，这是石油化工和煤化工工程项目所具有的特征。比如MTO(甲醇制烯烃)技术，具有相对的垄断性。目前国际上具备大规模工业化应用的MTO技术不超过三家，而具备在市场公开转让的也只有两家。也就是说，如果要投资建设煤经甲醇制烯烃项目，或者投资建设以甲醇为原料，生产低碳烯烃的项目，只能从这两家中二选一。

实际上，在石油化工和煤化工工程项目建设领域，很多的项目建设单位中的一部人，对某个技术、装备、企业具有一种偏好。这种偏好源自于该技术、装备、企业，在过去的市场占有率或者良好的业绩，或者过去有过良好的合作，或者在市场上有较高的声誉等。这种情况下，客观上也形成了一种垄断。这种垄断的形成，不符合市场经济的基本原理。这种垄断不是由市场的失灵造成的，客观上不是由供应方的行为造成的，而是由需求方的卸责行为造成的。我把这种垄断叫做“卸责垄断”。

“卸责垄断”在现代煤化工项目和石油化工项目建设中普遍存在，有很强的影响力和传染力，往往会成为一种主导的选择方式。“卸责垄断”限制了市场的公平竞争，阻碍技术进步，扰乱了市场秩序。在技术和装备国产化的过程中，“卸责垄断”是一个主要的阻力和制约因素。

在统一了思想认识的基础上，如何具体完善石油化工和现代煤化工项目

建设的市场机制，既要遵循市场经济的普遍规律，也要适合石油化工和现代煤化工项目的实际情况。

首先，要把公开、公平、公正的原则放在第一位。建立一个公平竞争的机制，确保信息透明公开。建立一个公正的选择机制，保障以客观的标准做出选择，避免或者最小化主观因素的影响。

市场机制条件下，不可避免地存在信息不对称。而信息对称、透明，是市场机制发挥作用的基础和先决条件。这是市场机制本身所具有的矛盾。大数据和信息技术，为信息透明奠定了一个很好地物质基础；全方位、全流程的监督机制，是基本的约束；阶段性的评估与追责，是基本的保障手段。

五、工程建设统一市场

公正的选择机制，要有公正客观的选择标准，要有保障选择标准客观公正的有效机制。选择标准要经得起市场的检验，经得起时间的检验。要有定期的评估机制，对选择标准的客观性、公正性，进行动态评估，并依据评估结果进行完善。

政府与市场、市场与市场、市场主体与市场之间的关系，需要分层次、分步骤梳理。厘清政府和市场的关系，划清政府调控的边界。凡是市场机制能够解决的，政府就不要干预，是市场的归市场，是政府的归政府。市场机制解决效率问题，政府解决公平公正问题。

属于政府调控范围内的职能，政府要统筹规划。统筹各级政府部门，协调各相关职能部门，形成一个统一的、有效运转的系统。取消各类显性的和隐性的行政壁垒；突破职能部门之间，各自为政的势力领地；政府职责范围内的手续，由政府内部自行流转，一个入口，一个出口。把审批事项压减到最低限度，通过简政放权激发市场活力和经济增长的内生动力。免征各类行政事业性收费，降低交易成本，给市场机制松绑。

国家层面需要做好顶层设计，主要包括：全国统一市场的规划与建设，工程建设市场诚信体系的规划与建设，全国统一的工程项目建设市场信息系统的规划与建设，建立全国统一的负面清单，建立全国统一的信息发布平台和通报机制，建立全国统一的退出机制等。

各级地方政府，按照国家统一规划设计的工程建设市场系统，有计划建设维护各级子系统。各类市场主体、各类工程项目建设要素、各类工程项目建设信息、国际同类工程项目建设信息等要素信息，在统一的系统上实时动态地发布。

统一的市场、透明的信息、统一的诚信体系、统一的退出机制，全方位、全过程的评估监督机制等，是抑制地方保护、行政壁垒、诚信缺失、行政干预、围标串标、不公平竞争、卸责垄断等市场不规范行为的有效手段。

第三节　对投资决策程序的思考

一、企业投资决策

这里主要讨论企业投资的决策程序。政府投资一般是弥补市场机制的调节作用不能有效发挥的领域，如公共产品、基础设施、基础研究、民生改善、环境保护等。

自 20 世纪 80 年代初，开始对投资体制与投资决策程序进行改革以来，在投资决策程序的科学化、专业化、民主化和市场化等方面取得了很大进展。科学的投资决策程序，已经成为政府部门、企业组织的共识和固化的投资决策流程。特别是在一些大型工程项目建设中，发挥了重要作用。为保障投资的有效性、合理性奠定了程序基础。避免了许多盲目投资、冲动投资，使得投资结构更趋合理，投资效益明显提升，为中国的经济结构优化和升级发挥了关键作用。由固定资产投资所带动的产业链的完善，以及对相关产业的拉动和辐射作用已经显现，同时固定资产投资还促进了中国技术进步和装备制造能力提升。

在取得这些成就的同时，仍然有不少无效投资、低效投资，仍然产生了不少僵尸企业，仍然有不少低端重复投资，仍然造成了多个行业、多个产业的产能过剩。以至于不得不把“三去一补一降”上升为国家的政策，不得不把处置僵尸企业，作为政府部门的重要工作。这些低效投资、无效投资，给国家造成了重大损失，是对资源的重大浪费，侵蚀了国家经济建设的成果。

这是投资与工程项目管理不可回避的问题。新时代对经济发展提出了新要求。投资与工程项目管理，必须要满足经济发展的新要求，要适应经济发展的新要求。投资作为经济发展的重要支撑，在一定程度上，还要引领经济发展的新要求。

投资与工程项目管理中存在的这些问题，显然与新时代经济发展的新要求不适应。如何解决这一矛盾，既关系到投资与工程项目管理本身的问题，也关系到新时代经济发展的问题。中国经济发展已经进入新时代，这一对矛盾已经现实地摆在面前。思考和有效地解决这个矛盾，已经是当下投资与工程项目管理刻不容缓的课题。

二、政府在固定资产投资管理中的边界

中国七十多年的投资与工程项目管理，经历了从计划经济向社会主义市场经济的转型。历史所形成的路径依赖，以及制度的惯性，不可能随着改革开放和经济体制改革的开始，戛然而止，不可避免地会在第二次变革后，继续发挥影响。

改革开放40多年来，政府和市场的边界始终是个动态的、模糊的地带。在实际的运行中，由于市场机制还不是很完善，政府的宏观调控，需要随时弥补市场调节所留下的缺陷。这一期间，政府的角色既是规则的制定者，有时还要充当规则的执行者，同时还是执行规则的监督者。

近几年在自由贸易试验区推出的负面清单制，是一个厘清政府边界的好办法。负面清单可以比较清楚地告诉市场，哪些领域是不能投资的，除了负面清单上所列领域以外，企业具体投资什么，何时投资，怎么投资等这些具体的决策，完全由投资者自行决定。在企业投资的决策程序中，除了代表股东的政府部门外，其他政府部门不应该出现。

代表国资的部门，是国有企业的股东代表，需要代表股东对国有企业的投资，行使出资人的权利。完善企业治理结构，是未来国有企业改革方向。国资部门以一个什么角色，参与到国有企业的治理结构中，应该是国企改革的一个课题。

不同的历史阶段，不同的经济基础，政府与市场之间会有不同的关系。新中国成立后，针对当时基本以农业、部分手工业和一小部分民族工业的经济结构，政府积极鼓励和扶持有利于恢复国计民生的私营经济，对稳定经济、改善财政收入，起到了很好作用。1953年中国开始了大规模的工业化转型，学习苏联的经济管理模式，开启了第一个五年计划。随后三年，社会主义三大改造基本完成，基本确立了计划经济的管理体制。政府全面管理经济建设，对各类资源、生产资料、生活资料实行统一配置。这一阶段有市场，但是没

有市场经济，因为市场没有按照经济规律运行。

1978年，国家确立计划经济为主，市场调节为辅的方针，启动了改革开放和经济体制改革。这一个前无古人的事业，只能摸着石头过河，在探索中前行。最初先从有计划的商品经济入手，即在原来计划的框架内，有限地引入市场调节机制。用实践的效果来改变人们的思想意识。在认识发生改变的基础上，再进一步扩大市场调节机制的作用。

改革之初，市场机制还处于萌芽状，既没有配套的政府制度，也没有完善的市场机制。这期间政府调控仍然是主要的手段，同时推进市场环境的形成与配套机制的建设，培育统一市场的形成。

随着市场机制的调节作用日益凸显，价格机制、供需机制和竞争机制越来越成熟，市场调节机制所产生的资源配置效果，越来越得到普遍的认可。应该说现在，已经形成了一个比较成熟的市场环境。市场在资源配置中的作用，已经成为主导的力量。

社会主义市场经济，不是计划经济和市场经济的代数和。而是在社会主义制度下，公有制经济为主体，多种所有制经济并存，主要依靠市场机制的调节作用配置资源，最大限度地解放生产力，使要素实现最优效率，实现全体人民共同富裕的目标。

理顺政府和市场的关系，明确政府与市场的边界，找准政府和市场各自的定位，是解决工程项目管理体系中，和经济发展新目标不适应不协调问题的关键。在中国经济进入新常态，市场机制已经基本完善和健全的情况下，政府应该主要承担：规则制定者、规则执行的仲裁者、宏观经济调控者、社会主义市场经济有效运行的维护者、公共产品的投资者、重大风险的防控和民生保障者。

政府对投资的宏观调控主要应该从审批核准的体制，转变为以负面清单限制，以财政、税收、货币调节，以政策规划引领的模式。除了政府投资的基础设施和公共产品外，从具体的企业投资项目中全身而退。

政府需要集中清理：那些限制市场在资源配置中起决定作用的制度规则，那些资源要素自由流动的约束壁垒，那些对提高资源效率没有意义的流程和要求。让社会蕴含的，巨大的投资活力逐步释放出来，给全民创业、万众创新营造一个良好的环境。

三、固定资产投资制度创新

投资与工程项目管理，要适应新经济的要求，首先是要进行制度创新。制度创新是其他所有要素创新的前提和引领。没有股份制的创新，就不会有整个资本主义经济的快速发展；没有专利制度的创新，就不会激发西方国家科技水平的迅速提高；没有社会主义市场经济的制度创新，就不会有中国经济四十年的高速增长。

政府作为规则的制定者，特别是固定资产投资管理部门，制度创新和规则创新是首要的任务，是更好发挥政府作用的第一个落脚点。制度和规则创新，是激发全社会投资活力，提高投资效益，优化资源配置的第一驱动力。

第一次投资与工程项目管理的变革，苏联从管理、技术、人才培训到操作，给我们提供全面的帮助和支持。我们从零基础上，建立了第一个基本建设管理体系。这一体系使我们快速从一个落后的农业国，跨入现代化工业国，基本完成了我国的工业基础建设。

第二次投资与工程项目管理的变革，我们向西方经济发达国家学习。在第一次变革的基础上，为了适应经济体制改革的需要，为了适应社会主义市场经济的要求，引入了科学的投资决策流程，基本建立了适应市场经济的工程项目管理体系。这一体系助力中国实现了经济腾飞，使我们迈入基建大国的行列。

现在我们又走到了一个重要的历史节点，世界面临百年未有之大变局，中国进入了一个新时代，中国经济需要实现从规模速度型，向质量效益型的重大转型。我们又面临投资与工程项目管理第三次变革，面临第三次制度创新。这次制度创新将引领投资潜力聚焦经济转型，激发技术创新和管理创新，实现全球范围内的资源配置，为中国经济实现第三次飞跃作出贡献。

制度创新需要做好顶层设计，着眼于制度系统的创新。制度系统创新，包括与投资和工程项目建设相关的横向配套制度，以及纵向各层级制度的传递系统两个维度。以制度系统，为市场有效配置资源提供保障，维护工程项目建设市场机制的良性运转，让价格机制、竞争机制和供需机制切实发挥作用。

四、工程项目管理制度协同

经济发展需要协调发展，投资与工程项目管理也需要协调发展，这就要求制度系统具有协调性。由于行政职能的分工，把客观上相互联系的事物，人为地切分成不同的、相互独立的条块。这种分割同样反映在行业的分工上，不同的行业行政管理的隶属不同，执行的制度标准和流程也相差很大。这种行业的分工和隶属，又进一步传导到市场的交易行为，不同的制度流程，不同的隶属部门，对要素在市场上的自由流动形成了约束。

比如投资一个现代煤化工项目，需要蒸汽和电力作为动力，需要煤炭作为原料，需要铁路运输原料和产品，需要水资源以及其他的原辅材料等。如果现代煤化工项目，可以和发电企业自由组合、自主交易，可以最大限度发挥资源配置效率。现代煤化工项目可以节省投资，可以降低运营成本，可以减少污染物排放，可以节约用水、节省能源。发电企业，由于有稳定的大客户作保障，可以提高发电机组利用小时数，提高机组效率，降低发电成本，节能降耗。对企业来讲，这是一个双赢的结果，对国家来讲可以帮助消化过剩的电力产能，符合去产能的要求。但是，由于条块分割，制度缺乏协调性，行业之间由于行政约束，也很难自主地进行协调。

区域之间的协调，也是一个问题。地方保护主义，在一些地方还比较根深蒂固，给要素的自由流动设置了障碍。比如投资一个现代煤化工项目，厂址选择的最佳方案可能是跨越省界或者市界，这就会非常麻烦。为了避免麻烦，投资方大多数情况下会退而求其次，把厂址选择在一个行政区内。一旦厂址选择了某个行政区，项目建设的大多数资源都只能在本行政区内选择。比如水资源、电力、原料、燃料等，甚至施工企业、无损检验机构、建材企业等，也都需要从本行政区选择。即使相邻的行政区资源更优、成本更低、服务更好，投资方为了顺利完成项目建设，不得不屈就以换取地方政府的支持。所以全国统一市场的建设，仍然还有不少需要清除的障碍。没有全国统一的工程项目建设市场，政府和市场的边界就是模糊不清的，政府的角色和定位就是模糊不清的。

五、企业固定投资决策流程

投资企业，在投资与工程项目管理中应该是责任主体。按照“谁投资、谁决策、谁收益、谁承担风险”的原则，投资企业，独立地对所投资的工程项目进行决策，承担风险，获得投资回报。对于非国有企业，做到这一点没有什么问题。对于国有企业，风险意识还不够强。大部分的低效无效资产、僵尸企业，可能都是国有企业投资产生的。

国务院《关于投资体制改革的决定》第(二)条：深化投资体制改革的目标是：改革政府对企业投资的管理制度，按照“谁投资、谁决策、谁收益、谁承担风险”的原则，落实企业投资自主权；合理界定政府投资职能，提高投资决策的科学化、民主化水平，建立投资决策责任追究制度。

决定中并没有区分企业的所有制性质，所有的企业都是执行的一个制度。那为什么国有企业投资，所形成的无效低效资产相对要高？其原因还在于投资决策的前期阶段。虽然决定中有要建立投资决策责任追求制度，但是实际上很难做到。

非国有企业投资决策失误，自然由投资者自己承担损失，这在决定中讲得很明确，谁投资，谁承担风险。所以，无需政府追究其投资决策的责任。

国有企业投资决策的情况比较复杂，很难分得清楚责任界线。媒体曝光的都是已经确认为决策责任，或者作出处理决定，已经有明确的结论的投资案例。更多的是没有确认，或者无法确认的投资决策问题。造成这些投资决策的失误，是决策流程的问题，还是决策机制的问题？

关于固定资产投资的流程，自20世纪80年代初，从西方引入可行性研究，作为投资决策的前置流程，在原有基本建设程序的基础上，经过不断实践和总结，基本形成了比较规范的固定资产投资流程，一般为：

(1) 项目建议书：对拟投资项目的建议方案，一般用于政府主管部门立项审批，现在也作为国有企业内部立项审批文件，是可行性研究的前置文件；

(2) 可行性研究报告：根据批准的项目建议书编制，是投资项目立项的依据；

(3) 编制设计任务书：全面反映建设单位对投资项目的要求，是工程设计的依据；

(4) 厂址选择：在总体规划的基础上，现在一般由可行性研究报告编制单位负责多方案比选；

(5) 编制设计文件：对于石油化工和现代煤化工投资项目，一般包括总体设计(三套装置以上)、基础工程设计和详细工程设计；

(6) 项目建设准备：主要是建设单位的准备工作；

(7) 列入年度计划：主要是现金流计划；

(8) 组织施工；

(9) 生产准备：生产准备要和项目建设准备统一同步进行；

(10) 竣工验收：全面验收、总结，资产移交、归档。

这是一个通用的投资项目建设程序，并非所有的投资项目都必须严格按照这个程序执行。具体投资项目，还需要根据投资规模大小、所属行业惯例、投资项目的性质、投资企业(组织)的具体要求等，制定具体的投资项目管理程序。

这 10 项工作中，第(6)(7)和(9)项是贯穿整个项目建设过程的工作，序号不完全代表工作的逻辑关系。除了第(1)(2)项外，其他的工作以执行为主，前两项是决定投资成败的关键，是最主要的环节。

有的企业为了更加细化前期工作，把第(2)项工作即可行性研究，又进一步划分为预可行性研究和可行性研究两个步骤，目的是使投资决策更加慎重。实际上，预可行性研究和项目建议书在内容上并没有本质区别。可能是为了工作上的便利，项目建议书一般理解为，企业向政府有关部门提交的，用于申请项目立项的文件。而预可行性研究报告，一般理解为，是企业内部用于编制计划和投资决策的文件。

六、固定资产投资可行性研究阶段

把可行性研究作为投资决策的前置程序，是国际上工业项目投资普遍采用的方法，是一个科学的决策程序。可行性研究是随着科学、技术、经济的进步，和管理科学的发展而产生的。早在 20 世纪 30 年代，美国为了治理田纳西河流域过度开发、无序开发，对该地区造成的环境污染、资源过度开采、灾害频发等问题，由联邦政府成立了一个专门机构—田纳西河流域管理局(TVA)，对该流域开发项目的建设顺序、资金筹措、产品方案、生产规模等问题，进行统筹规划、全面研究，并负责组织实施。

为了改变这种现状，他们没有采用传统的做法，没有立即组织开发项目的设计和实施，而是在对面临的问题，进行充分调查研究的基础上，根据联邦政府的要求，设定了该地区综合开发的目标，并组织制定了综合开发的初步方案和实施规划。方案和规划经过分析评估和决策后，作为实施开发项目的依据。

管理局在流域开发规划与实施的过程中，逐步将工作的经验和方法归纳总结，形成一套专门的方法—可行性研究。之后，可行性研究作为一套科学的理论与方法体系，得到迅速的发展和完善。作为投资决策前的一个重要工作阶段，这种工作方法，使得投资的社会和经济效益、资源综合利用效率和自然环境，得到极大改善。流域治理与开发项目建设得到稳步的推进，当地的经济发展，从一个落后地区成为一个先进地区，自然环境从严重污染变成了旅游景点。

目前世界各国可行性研究的具体做法不完全相同，但是把它作为投资与工程项目前期的重要环节，已被世界公认，不但西方国家如此，中东地区、亚洲发展中国家及地区，也在开展这项工作。世界银行等国际金融组织，把可行性研究报告作为审查项目贷款的依据。

可行性研究不仅应用于建设项目的投资分析与决策，还广泛应用于科学实验、新产品开发、环境保护、行业规划、区域规划，自然与社会改造和企业生产经营管理等方面。

七、固定资产投资可行性研究工作

联合国工业发展组织（UNIDO）1978 年编写了《工业项目可行性研究编制手册》，为可行性研究的规范化作出重要贡献，在许多国家得到应用。在这本手册中，投资项目的前期工作划分为四个阶段：机会研究、初步可行性研究、可行性研究和项目评估决策。其中：

（1）机会研究阶段，又叫投资项目鉴别阶段

其主要目的是对投资的方向作概略性分析，通过分析资源要素、市场趋势、政策方向等，寻找投资的机会，是一种很粗略的研判。

精确度大约正负 30%，用时大约 3 个月（大型项目可适当延长）。

（2）初步可行性研究阶段，又称为投资项目初选阶段

其主要目的是从投资的合理性和可行性进行，进行方案性的初步比选与判断。

精确度大约正负 20%，一般用时 5 个月左右（大型复杂项目可适当延长）。

（3）可行性研究阶段，也叫投资项目判定阶段

其主要目的是选定投资方向，通过多方案比选，推荐出一个相对可行的投资方案。

精确度大约正负 10%，一般用时 10 个月左右（大型复杂项目可适当延长）。

（4）项目评估决策阶段，或者叫投资项目最终决策阶段

其主要目的是，对可行性研究报告在技术经济、环境资源、政策规划等方面进行综合评估论证，确定推荐方案是否最佳可行。

在项目评价方面，1969 年总部设在巴黎的经济合作和发展组织编制《发展中国家项目评价和规划》，1974 年出版，联合国工业发展组织 1972 年出版了《项目评价准则》，世界银行 1975 年出版了《项目经济分析》，使可行性研究中的项目评价理论与方法，得到定量化和科学化。

1983 年国家计委正式颁发《可行性研究试行管理办法》，1987 年发布了《建设项目经济评价方法与参数》在全国试行，1993 年修改后出版第二版，2006 年出版第三版，作为投资项目可行性研究中经济评价的依据和标准。

综合以上材料，我们给可行性研究下一个定义：

可行性研究，是在投资项目的前期，对拟建项目在技术上是否先进适用、经济上是否合理、工程建设是否可行所进行的全面、系统的调查研究和综合论证。从而为工程项目建设投资决策，提供可靠依据的一种科学方法和工作阶段。

可行性研究是一项综合性的科学，综合运用电子计算机、运筹学、现代工程技术、经济计量学、预测与决策科学、企业管理学、环境工程学、技术经济学、工程造价管理，以及相关的专业科学等内容，对工程项目进行综合评估，以提高投资决策的科学性、专业性和客观性，提高投资的精准性，避免投资决策行政化带来的盲目性和随意性。

归纳起来，可行性研究主要有以下八个方面的作用：

（1）作为建设项目投资决策的依据；

（2）作为筹集资金向银行贷款的依据；

（3）作为建设项目与各协作方签订合同和有关协议的依据；

（4）作为项目拟采用新技术、新设备的研制和补充地形勘测、地质勘探及科学实验与工业型实验的依据；

（5）作为环保部门审查项目对环境影响的依局，作为向项目建设所在地政府办理相关手续的依据；

（6）作为施工组织、工程进度安排及竣工验收的依据；

（7）作为项目总结和后评估的依据；

（8）作为企业组织管理、机构设置、劳动定员、岗位定编、职工培训、

企业管理等工作安排的依据。

一般情况下，国内企业通常把一个完整的可行性研究分成三阶段：一般性机会研究(投资计划研究)、初步可行性研究、详细可行性研究

初步可行性研究是介于机会研究和详细可行性研究的一个中间阶段，是在投资方向确定后，对项目的初步估计。详细可行性研究需要对一个项目的技术、经济、环境及社会影响等进行深入调查研究，是一项费时、费力、费钱的工作，特别是大型的联合石化项目、现代煤化工项目，或者比较复杂的煤、油、化联合工程项目更是如此。初步可行性研究可以将详细可行性研究的内容简化，做粗略的论证估计。

如果对投资机会研究的结论评估后，认为符合企业的发展战略，且值得进一步研究，则在投资机会研究的基础上，开展初步可行性研究。初步可行性研究的结论经过评估后，如果认为投资的初步方案和规划，收益风险指标满足企业要求，需要进一步细化研究，则据此开展投资项目的详细可行性研究。每一个阶段的工作完成后，都有可行与不可行两个结论。如果结论为不可行，则此项工作闭环，调整投资方向，继续寻找下一个投资项目。

一般的投资项目，前期工作是不需要分成三段开展的。只是对于个别特大型复杂的联合项目，由于投资规模巨大，其中采用了新技术、新工艺，或者生产新产品等，具有较高风险因素，为慎重起见分成三段。所以通常情况下，只需要投资机会研究和可行性研究两个阶段即可，并不表明三段研究比两段研究更科学、更合理。切忌为研究而研究、为推责而研究的教条主义和形式主义。

八、固定资产投资机会研究与可行性研究

下面我们重点讨论一下投资机会研究和可行性研究。

1. 投资机会研究的概念

投资机会研究也称为投资机会鉴别，是进行可行性研究之前的准备性调查研究。是为寻求有价值的投资机会，对项目的有关背景、资源条件、市场状况等，进行的初步调查研究和分析预测。

2. 投资机会研究的类型

一般机会研究：从错综复杂的市场环境中，鉴别投资方向和趋势，挖掘投资机会。

具体项目投资机会研究：对于初步确立投资意向的项目，在市场调查的基础上，对市场、投资、政策、企业等方面进行客观的机会分析，重点在于投资环境的分析及投资前景的判断，并提供项目提案和投资建议。

3. 投资机会研究的内容

一般机会研究的主要内容：一般机会研究是一种全方位的搜索过程，需要大量的信息数据的收集和分析。具体为：

地区研究，寻找某一特定地区的投资机会；部门研究，选择适合本企业投资的工业部门；资源机会研究，分布、储量、禀赋、可用度、限制条件等，从中发现投资机会。

具体项目投资机会研究的主要内容：对于初步确立投资意向的项目，在市场调查的基础上，对市场、投资、政策(绿地投资还要研究当地法律)、企业等方面，进行客观的机会分析，重点在于投资环境分析及投资前景判断，并提出项目提案和投资建议。

包括：对投资环境的客观分析(市场分析、产业分析、税收分析、金融政策、财政政策)；对企业经营目标与战略分析和内外部资源条件分析(技术能力、管理能力、外部建设条件)；项目投资者或者承办者的优劣势分析等。

4. 投资机会研究的主要方法和模型

PEST、行业生命周期、市场集中度、矩阵分析法、波特五力模型、SWOT分析、标杆企业研究、各种行业市场未来规模预测等咨询工具、模型方法，从多角度、多维度反复论证市场进入的价值和可行性，并提出操作性强的进入策略。

九、辩证理解可行性研究

关于可行性研究，前面已经讨论了很多，也给出了概念的定义，在此不再重复。只是想补充两点说明：

(1) 要辩证理解可行性研究的内容与可行性研究报告的内容。可行性研究，是指一个工作阶段。可行性研究报告，是可行性研究阶段最主要的工作成果。可行性研究的内容和可行性研究报告的内容，都不是固定不变的，而是要随着经济社会发展的需要、投资环境的变化、政策法规的变化和具体项目的需要等随时调整。

比如，1992年国家计委、国务院经贸办、建设部印发《关于基本建设和技术改造工程项目可行性研究报告增列节能篇的暂行规定》。这是在可行性研究报告中，单独增加一个专篇，主要调整内容：能耗指标及分析，节能措施综述，单项节能工程等。

水利部、国家计委2002年发布《建设项目水资源论证管理办法》，第十条规定：业主单位在向计划主管部门报送建设项目可行性研究报告时，应当提交水行政主管部门或流域管理机构对其取水许可(预)申请提出的书面审查意见，并附具经审定的建设项目水资源论证报告书。这是在可行性研究阶段，增加一项工作内容，即建设项目水资源论证，并且提交对项目取水许可的审查意见。

(2) 要辩证理解可行性研究的内涵和目的。可行性研究是20世纪70年代初，才形成一套科学的理论体系和工作方法。这套体系和方法，包含许多学科理论和结构化的工作流程。其目的是依据已经掌握的资料，通过调查研究、勘察试验，运用科学的方法对未来进行预测，即依据过去，立足现在，预测未来。

虽然这一套系统的方法是科学的，但是并不能保证预测的结论是正确的，因为其预测的基础是过去和现有的信息、材料。如果预测所使用的信息是不真实的、不准确的，或者不完整的，而预测的结论是正确的，那反而说明它不是一套科学的方法，而是魔术。

十、如何看待可行性研究结论

同样的基础资料和信息，由不同的团队进行研究，所得出的预测结论也有可能不同。其预测模型不像自然科学的公式，而更像社会科学领域的数学模型，或者像工程领域的数学模型，其预测结论取决于对基础资料的处理，在某种程度上受主观因素的影响。所以可行性研究结论，应该是一个融合了主观和客观两个元素的化合物。

同样的研究结论，不同的投资项目也可能会有不同的理解和使用方式。因为每个投资者对风险的理解和承受度不同，对投资的目的不同，对定性的收益定义不同，所以使用可行性研究结论的方式也有差别。可行性研究的结论，是固定资产投资决策的依据之一，是必要条件，不是充分条件。不能由可行性研究的结论，直接推理出固定资产投资决策。

所以可行性研究，或者可行性研究报告的结论，只是决策的依据，不是决策本身。可行性研究报告不能代替决策。可行性研究报告的结论，可以采纳，也可以不采纳，还可以部分采纳，或者有条件采纳。可以要求对报告中某些关键部分，进行补充研究或者辅助调查。或者根据融资方的要求，细化风险分析和应对措施，调整项目建设方案和建设顺序，优化偿债能力。

所以，不能机械地理解和使用可行性研究报告。苹果公司开发智能手机，一开始阻力是很大的。这种新产品、新技术完全超出人们现有的认知，以至于连这些生活在创新环境中的、专业的研发人员都难以接受。研发人员有很多是持不同意见的，但是乔布斯以其独特的市场洞察力和对人性的深刻理解，加上独裁的管理风格，强力推进，结果我们都知道了。他并没有开展市场调查，也没有进行可行性研究。假设当初委托咨询公司开展可行性研究，设想一下会得出什么结论。

20 世纪胶片之王，具有 100 多年历史的伊士曼柯达公司，最早发明了数码相机，结果这一颠覆性的发明，这一重新定义摄影的发明，被公司雪藏起来，错失良机。仅仅四年后，柯达公司突然醒悟，再开始投资于数码相机。此时，市场已被日本公司牢牢占据，机会的窗口已经对柯达公司关闭。柯达公司当时也没有开展可行性研究，这项革命性的投资在公司内部就被否决了。否决这一投资的后果：市场上再也看不到伊士曼柯达这个百年历史的公司了。

某企业投资大型现代煤化工项目，严格按照可行性研究的流程，从机会研究、可行性研究到评估决策，完成了所有规定的程序。并且连续投资了几个大型的不同类型的现代煤化工项目，决策流程都是完整的。结果是：这几个大型煤化工项目中，有的项目从建成投产从未盈利，有的项目投产后产品成本始终高于市场售价，有的项目工程建设进展到中间改变了投资方向。可行性研究的程序正确，并没有给这个企业的投资带来预期的效果，反而陷入债务的泥潭，创造了几个僵尸企业。

某企业投资一个大型现代煤化工项目，从工程设计、装备制造和施工，完全复制另一个煤化工企业刚刚建成的项目。为了加快项目建设进度，市场调查、可行性研究等进行了简化和省略处理，只是为了满足程序完整。结果这个项目建成后，盈利效果很好，达到了预期的投资效果。

我们可以打个比方，交通的方式有很多，可以骑自行车、坐火车、乘飞机，也可以开汽车。汽车是一个现代化的交通工具，可以便捷高效地满足人们旅游交通载物的需求。但是在旅途之中出了车祸，发生了交通事故，给车主和社会造成很大的损失。这是汽车的过错，还是驾车的失误？

十一、可行性研究报的类型

与石油化工和现代煤化工工程项目管理相关的可行性研究报告的类型，主要有下面几个：

（1）用于政府立项的可行性研究报告；

（2）用于银行贷款的可行性研究报告；

（3）用于投资决策的可行性研究报告；

（4）用于境外投资项目核准的可行性研究报告；

（5）用于申请政府资金的可行性研究报告；

（6）用于申请进口设备免税的可行性研究报告。

第四节 对工程项目管理中几个关系的思考

工程建设项目管理是完成固定资产投资的载体，是实现技术和资源集成创新的平台，是为企业的生产运营建立物质基础和管理基础的阶段，是实现企业发展的重要途径。工程项目管理，产生于企业生存与发展的矛盾之中，其本身也是诸多矛盾构成的一个综合体。在工程项目管理这个矛盾综合体中，关于石油化工和现代煤化工工程项目，重点讨论以下四个关系：

项目管理的目标与原则之间的关系；

投资额与回报率之间的关系；

目标计划与变化之间的关系；

项目建设与生产运营之间的关系。

一、项目管理目标与原则之间的关系

凡是企业都面临生存与发展的问题，这是一个问题的两个方面，是一对不可分割矛盾。这一对矛盾的发展变化，主宰了企业的沉浮，或兴旺发达，延绵不绝，或成为匆匆过客，转瞬即逝。所以，企业管理可以分为生存管理与发展管理两部分。生存管理主要是企业的运营管理（Operation management），关注效率的提升，需要持续改进。发展管理是企业谋求新机会、实现新目标的管理（Development management），包括拓展新领域、扩大再生产、转型新产品等。对于石油化工企业和现代煤化工企业来讲，生存管理是求稳，以“安、

稳、长、满、优”运行为目标；发展管理是求变，以新投资、新技术、新市场、新产品、新管理为前提，实现企业发展战略。

1. 固定资产投资的目标体系

固定资产投资是企业实现发展的主要方式。固定资产投资承载着企业的发展战略、发展规划和远景，具有十分明确的目的。不同的目的，会有不同的投资方式，会有不同的项目管理模式。比较简单的目的，如企业打通瓶颈的技术改造投资，目的是使整个工艺系统物料负荷更加均衡，挖掘企业现有的生产能力，提高产量，降低成本。如果不考虑环境保护标准和安全生产标准提高的因素，技术改造投资是对现有资产潜在生产力的释放，也是对原工程项目集成能力不足，所造成的缺陷进行的补救。

相应的固定资产投资目的，需要转化为投资目标。如挖掘现有产能潜力，提高产量、降低成本这个目的，需要转化为投资目标(提高的产量、成本降低的幅度等)。投资目标是一个体系，这个体系包括定量的指标和定性评价。定量的指标如：增加所少产能、成本减低额度、投资回报率、投资额等。定性评价如：投资对整个企业管理的改善、对市场竞争力的提高等。

目标是开展工程项目管理最主要的依据。目标要贯穿工程项目管理的全过程、全方位。目标需要根据工程项目规模大小、复杂程度、管理要求等，横向分解到各个方面，纵向分解到每一个层级。这些方面和层级，应该包含了总体目标的全部要求。

目标是工程项目建成投产后，生产运营管理最主要的依据。企业各项管理工作和生产活动，都要体现对目标的落实，都要体现为实现目标的一个步骤或者一个部分。生产运营和工程项目建设，好像接力赛的第一棒和第二棒，都是实现投资目标的重要组成部分。任何一个都不可能单独实现投资目标。把两者分割开来，也不可能实现投资目标。只有把两者有机地结合起来，形成一个完整的、流畅的、无缝的、相互耦合的整体，才有可能实现固定资产投资目标。

对于一个大型石化联合项目，或者大型的现代煤化工项目，项目的目标体系将是一个复杂的、有机的体系。目标体系的各个组成部分，既有纵向联系，也有横向关系。它们之间既相互制约，又相互促进，任何一个部分的子目标变动，都会影响整个目标体系。目标体系的有效运行，既要灵活而不僵化，又要有序而不混乱。

要有序有效实现目标体系中的每一个目标，需要有一个与之配套适合的计划体系。要编制这样一个计划体系，用以指导工程项目管理各项工作，首先要有一个原则。这个原则对上，紧紧围绕实现固定资产投资目标；对下，用来指导目标体系的分解、计划体系的编制、工程设计的输入和审查、物资采购的实施、施工组织设计编制以及生产准备等各项工作。缺乏目标性和体系性，是目前工程项目管理计划普遍存在的问题之一。

2. 工程项目目标与管理原则的关系

对于石油化工和现代煤化工固定资产投资，工程项目管理的原则，实际上蕴含在投资的目的之中。投资目的在转化为投资项目的目标时，同时就应该衍生出保障投资目标实现的管理原则。管理原则可以进一步分为工程项目管理原则和生产运行管理原则。目标和原则相辅相成，固定资产投资目标，是工程项目管理原则的具体体现；工程项目管理原则是固定资产投资目标实现的必要保障。原则和目标统一在投资目的之中，统一在投资项目的整个实施过程之中，统一在整个生产运营过程之中，统一在实现投资回报的整个过程之中。

关于工程项目管理的目标，在实际的工程项目管理中，往往和项目的约束条件混为一谈。比如工程质量指标要达到合格率100%，施工安全指标要达到零死亡、零伤害、零事故，实际完成投资不超过批复的概算，建设工期不超过40个月等，这些指标不是工程项目管理的目标，而是项目的约束条件，是为工程项目管理相关工作设定的、不得突破的制约条件。就像一个足球队在比赛中，目标是赢得比赛，而不犯规是约束条件。

工程项目管理的目标，要成为参与工程项目建设的各方共同努力的方向。目标体系，需要分解成多种类型、大小不等、难易不同的子目标，需要明确这些子目标和总目标之间，以及子目标之间的相互联系，以便负责每个子目标的团队，知道自己的工作和整个工程项目的关系，知道自己的工作和其他团队工作之间的关系。这样可以帮助每个参与工程项目建设的团队，树立大局意识和协作意识，避免孤军奋战和项目割据，强化计划体系的自组织和自协调功能，减少人为的、盲目的、感性的干预。

在目标体系中，应该注明主要目标和次要目标，或者给目标体系中的各类目标，按照重要程度设定等级。这样既保证了目标体系的重点突出，又保证了目标体系的系统完整。工程项目管理就是在特定的环境和条件下，对这些不同类型的目标进行平衡抉择。没有主次之分，没有轻重缓急的目标体系，就像没有主旋律的乐谱，不可能演奏出美妙的音乐。

目标体系中的每一个目标，应该是明确清晰的，只有明确才能进行分配，才能作出工作部署和安排，才能考核评价绩效，也才能够作为编制工程项目管理计划体系的依据。目标可以有定量目标，也可以有定性目标，应该尽可能量化，特别是对于大型复杂项目的目标体系，如果定性目标过多，可能会给工作的协调增加难度，会威胁到固定资产投资目标的实现。对于偏重于管理性的目标，过度量化会限制团队的主动性和创造性，损失管理效率。所以要辩证地处理工程项目管理目标定性和定量的关系，否则不科学的目标设置，会将工程项目管理引入歧途。

目标体系的设计要具备自反馈和自循环的功能。所谓自反馈与自循环，是指每一个目标的实现进程，要能自动地反馈到相应的负责团队、其上一级团队，以及与其关系密切的团队。以便每一个团队清晰地知道组织对自己的要求，知道自己对项目的贡献，知道自己对其他团队目标的影响，知道其他团队对自己目标的影响。这才是真正体现无为而治的本质思想。

对于石油化工和现代煤化工的投资项目，工程项目管理团队作为一个大型、复杂和临时的组织，其成员来自四面八方、五湖四海，有不同的文化、不同的习惯、不同的体制、不同的性质、不同的目的。并且这个组织是一个动态的组织，不同的团队可能只是参与其中的一个部分和一个时段。只有明确统一的目标体系、周密科学的计划体系、有序灵活的管理体系，才能把这样一个团队在短时间内凝聚在一起；才能把每个团队的专业能力、管理活力、创新动力有机地集成为一体；才能形成最优化的资源配置效率；才能产生出最强的工程项目建设力。

工程项目管理目标体系，是考核项目管理团队，特别是建设单位项目管理团队最主要的依据和标准，也是科学客观和公正的标准。可以避免靠感觉、凭主观，对工程项目管理绩效进行评价；可以避免对工程项目管理绩效评价结论的随意性、反复性；可以得出经得起历史检验，经得起实践检验的评价结论。

在实际的工程项目管理中，同一个工程项目，有人肯定，也有人否定；有人说很成功，也有人评价很失败；同一个技术方案，有人说好，也有人说差；这样互相矛盾的声音和混乱的信息，常常使我们感到困惑。究其根源，是项目没有一个有机统一的工程项目目标体系，缺乏客观科学评价的依据，只能仁者见仁、智者见智。

3. 工程项目管理的原则

要设计这样一个工程项目管理目标体系，要使这个目标体系，能够自组织和自循环地运转，没有一个清晰、明确、统一的设计原则，是不可想象的。

在实际的工程项目管理中，按照哲学的观点来看，有原则即是无原则，无原则即是有原则。为什么这么说，因为人都是按照其潜意识中的原则，指导自己的行为。不同的人做同一件事，都可能会有不同的做事原则。不同的做事原则，会指导其采用不同的做事方法，会导致不同的行为结果。

当工程项目管理没有一个统一的、清晰明确的原则时，每一个人在工作中，都会按照自己的原则去行动。对一个大型复杂工程项目，会有数不清的原则，并且这些原则有可能互相抵触，互相矛盾。所以，没有统一的原则，就会有数不清的原则。这些数不清的原则，会产生各异的行为结果。这些结果，是受到行为人的目标导向的，很可能与固定资产投资项目的目标不一致。诸多与投资目标不一致的子目标汇总起来，一定不是工程项目管理的目标，会偏离投资目标，偏离企业的战略目标。

某大型现代煤化工项目，制定项目管理的目标为：进度目标、质量目标、安全目标、环保目标、投资额完成目标和一次开车成功的目标，没有明确项目管理的原则。项目包含十多套工艺生产装置、生产辅助设施、行政办公设施等。相应地配置了十几个项目组，负责具体管理这些装置和设施。每个项目组配置项目经理、若干专业经理、专业工程师等岗位。结果装置机泵备用率最高的为200%，最低的为50%；装置的能力余量最高的为140%，最低的为106%。试想，这样一个现代煤化工装置，其最终的产能，应该是其能力最小的装置中，对应的能力最小的关键设备的产能。所有超出这个最低产能的设备，以及装置都是无效投资。用一个形象的比喻：一个设计良好的煤化工项目，其工艺流程应该像一条平滑、顺畅、飘逸的彩带，而这个现代煤化工项目的工艺流程，更像一串糖葫芦。

如果一个现代煤化工项目，或者石油化工项目，特别是大型的炼油化工一体化项目，在设计工程项目管理目标体系的同时，有必要制定出项目管理的原则。将这一原则用于目标体系的分解、项目管理计划体系的编制、项目的设计管理、项目的商务采购管理、项目的施工安全和质量管理，以及生产准备和运行管理等。这一原则，将成为参与工程项目建设的各方共同遵守的原则。每一个人在工作中，首先会想到项目管理的原则，并以这一原则指导自己的行为。在统一原则指导下，每一个人、每一个团队会采取协调一致的行为，会产生预期的行为结果——工程项目的目标。此时，因为有了统一的原则，每个人就放弃了自己的原则，即所谓的有原则即是无原则。

二、投资额与投资回报率之间的关系

一个工程项目的投资额和投资回报率，都是投资者、债权人比较关注的重要指标。投资者总是希望投资少回报高。相比投资额，债权人更关注投资回报率，因为回报率高意味着贷款偿还能力强，意味着融资的风险小。投资额和投资回报率，对于投资者都很重要。投资额大，对于投资者意味着风险高。毕竟投资额是要真金白银先投进去，而投资回报率是未来一段时期，才有可能一年一年的实现。相比于眼前实实在在的投入，未来总是带有不确定性。

一个具体的现代煤化工项目，或者石油化工项目，总会存在“砍投资与涨投资”的矛盾。压低一个工程建设项目的投资，是决策者最看重的事。相比于投资回报率，很多企业的决策者更看重投资额。有的企业在可行性研究报告批准后，按照可行性研究报告提供的投资估算，打个折作为工程项目的投资概算的上限。有的企业在可行性研究报告的估算超过某一心理限度时，先不管可行性研究报告的结论是否可行，要求咨询评估机构重新编制。

1. 项目管理团队与投资额

项目建设单位，或者具体工程项目管理团队，特别关注投资概算，实际上就是投资额。因为投资额关系到项目管理的绩效。任何一个工程项目管理团队，都希望项目结束后，能够节省投资，一是说明项目团队管理有效，是实实在在的成绩，很有荣誉感；二是还有可能得到上级的奖励，物质奖励或者精神奖励。一旦突破批准的投资概算，会被认为项目管理的绩效不好，还有可能受到批评；一般情况下，超过批准的投资概算，需要得到上一级的批准。

“砍投资与涨投资”是一对矛盾，也是一种博弈。具体项目管理团队，会利用专业的优势，搜寻各种可能的理由和支持材料，把项目的投资概算尽可能做高，这实际上也是一种内部人控制现象。决策层会利用审批的权利，排除这些理由，把项目的概算降低，这种调整有时可能是参考类似项目的投资，更多的是凭感性的判断。本来应该是一项专业性的工作，实际上变成了一场博弈游戏。

有一个现代煤化工项目，批准的投资概算为 180 亿元，项目结束后实际完成投资 260 多亿，超出概算 80 多亿，大于 40%。而同样规模、同样工艺技术、同样产品的另一个现代煤化工项目，实际投资只有 170 亿元。如果不加以控制，超出概算的后果还是十分严重的。首先这会动摇可行性研究报告的结论，因为项目的财务可行性，是建立在批准的投资基础上的。投资额一般都是主要敏感因素之一，投资额增加 40%以上，大多数情况下项目经济性会变得不可行。这样的项目建成之日，即是亏损之时，注定要成为僵尸企业。

有一个现代煤化工项目，批准的投资概算是 220 亿元，项目建成后，实际完成投资，加上 20 多亿元的变更，再加上后增加的一套预处理装置的投资后，相比批准的投资仍然节省了近 10 亿元的投资。这个项目批准的概算，竟然包含 50 多亿元的余量。

所以投资额的控制，实在是一个不得不重视的问题。本来工程项目的投资额，只是工程建设项目的一个造价指标，是项目建设范围的一个经济计量结果，是在工程项目建设期内，投入固定资产的资金总额。项目的投资额是工程项目设计文件之概算篇中的一个汇总数据。这一数据是根据工程设计的内容、工程设计的标准、相关的设计文件，以及市场价格指数信息等，按照一定的计算规则计算出来的，是工程设计的价值反映。

2. 关于设计概算

如果计算规则套用无误，概算本身没有多少调整余地，无非是取上限还是取下限的问题，或者选高价还是选低价的问题。要控制工程项目的投资额，还要从源头治理，而不是末端治理。首先是要控制工程项目的建设范围。如果设计了工程项目的目标体系，以目标体系为标准，凡是和目标没有关系的，坚决删除；凡是和目标联系不密切的，必须进行优化。能合并的合并，能简化的简化，使工程建设项目的内容控制在必要的范围内。

其次是要控制工程项目建设的标准。工程建设的标准，并非越高越好，也不是越低越好，最好是适用。什么叫适用，衡量适用的标准是什么？如果没有给定衡量适用的标准，适用就是一个虚无的概念。衡量适用的标准就是目标体系。设计的标准、制造的标准、施工的标准、检验的标准，以及管理的标准，都要和目标体系对标。超出目标要求的标准，就是超标；和目标有差距的标准，就是欠标。

实际的现代煤化工工程项目建设，多数的项目是超标，少数的项目是欠标。超标的部分是无效投资，或者是过度投资，是不必要的投资，是应该进行调整的。把工程项目的建设标准调整到适用的水平，项目的投资概算会自然地回到适合的水平。

还有一种情况，大型的石油化工项目，或者大型现代煤化工项目，包含数十套工艺生产装置、辅助设施、场外设施等。总体设计往往只是给出了可以使用的标准规范清单，清单中的标准规范相互独立，没有系统性和统一性。这些标准之间很有可能互相冲突，甚至是矛盾。遇到这种情况，业主一般都是简单地要求按照最严格的标准执行。严格的标准并不能使装置更安全，也不能提高设备的性能。因为，装置的安全和性能取决于它的短板，即最弱的环节。所以，最好的办法是把所有的标准统一到一个适用的水平，高者削之，欠者补之。这样做的结果，一般是投资概算回调到合适的水平。

投资额或者投资概算，表面上看是概算专业的工作，本质是建设范围和建设标准的问题。所以在工程项目前期阶段，一个很重要的工作，就是要清晰准确地定义项目建设的范围和建设的标准。把这两个要点控制好了，“砍投资与涨投资”这一对矛盾应该基本得到解决。

3. 投资决策的不确定性

有一个大型的现代煤化工投资项目，项目的投资方案主要有两套：第一套投资方案产品品种少，单一品种产量大，具备规模竞争力，设计建设和生产操作相对简单，投资额少，不到 300 亿元。但是，投资收益也少，全投资内部收益率不到 9%。第二套方案产品品种多，单一产品产能小，占地面积大，工艺装置操作复杂。但是项目的抗风险能力强，投资额大，将近 400 亿元，投资回报率高，全投资内部收益率超过 12%。

如何在这两套方案之间作取舍？从纯粹的专业角度讲，这并不算是一个两难的选择。技术经济学理论有一系列的方法，帮助投资者取舍。如果仅从经济的角度做选择，如果可行性研究报告的研究结论是可靠的、可信的，简单地选择投资回报率高的方案，应该是更合适的决策。

问题是否到此解决了？实际的工程项目管理并非如此简单。投资额和投资回报率的问题，好像一直是一个比较纠结的问题。这两者之间的关系，也决非古典经济理论可以解释的，倒是更符合行为经济学的原理。比如上面的案例，为了增加两个点的投资回报率，增加100亿元的投资，是否值得。但是，如果不增加这100亿元的投资，前边那200多亿元的投资收益也是不高的，所以这100亿元增加的投资，带动了整个近400亿元投资的收益增加。这个问题涉及固定资产投资的边际收益，即增加单位投资，所带的收益增量，是否满足基准的收益率。

我们在做选择的时候，有两个假设的前提，也就是说，这是一个复合判断的推理。我们来讨论一下这两个前提的真假。

投资一个现代煤化工项目，或者石油化工项目，经济性是肯定要考虑的因素之一。经济性主要包括两个方面：一是投资项目本身的经济性，比如投资回报率、资本金盈利率等这些通常的技术经济指标；另一个是由投资项目所带来的经济性，比如投资现代煤化工项目，配套煤炭资源或者其他资源等。投资的经济性，应该是这两个方面经济性之和。

但是，配套资源的经济性，是无法在可行性研究报告中体现出来的。因为这不属于投资的范围，也不属于建设项目的内容。所以，可行性研究报告中的那些技术经济指标，无法反映出真实的投资盈利能力，或者说无法全面反映投资项目的盈利能力。

一般来说，经济性都不是投资项目的唯一指标。政府投资的公共产品大多都没有什么经济性，更多地是弥补市场失灵的投资；国有企业投资，有些投资对经济性的要求高一些，有些投资对经济性的要求会低一些；民营企业投资则主要考虑经济性。国有企业除了具有企业的属性外，还需要按照国家的要求，投资一些战略项目，比如原油储备。

技术经济的评价指标体系，只是反映了投资项目的一个侧面，并没有全面反映投资的目的，甚至没有全面反映投资的经济性。比如2020年年初，武汉出现了新型冠状病毒，抗击疫情成为全国人民的头等大事。武汉用10天建设一座容纳1000多人的专业医院，很多企业投资建设生产口罩、防护服等防疫物资的项目。这些都是不能用技术经济指标来衡量的。

第二个前提是可行性研究报告的可靠性、可信度。目前，还没有衡量这个咨询产品的质量标准。而这个问题是现实存在的、不可回避的。上百亿、数百亿的投资，作为投资者对可行性研究报告的相信程度，会影响其决策。每一个石油化工项目，或者煤化工项目的投资，决策者到底有多大的比例是依据可行性研究报告做出的。虽然这是一个无解的问题，但是却是一个真命题。

咨询工作的性质，本来就是通过协商、询问辅助决策。固定资产投资的咨询工作，是一项很专业的、高智力的活动。其中涉及很多专业、学科的知识，需要丰富的经验和很强的逻辑思维能力，具有跨行业、多领域的特点，但是其依然无法背离咨询工作的本质。

2017 年 10 月 18 日，国家发展改革委根据《国务院关于取消一批行政许可事项的决定》，正式取消工程咨询单位资格认定。同时，建立行业自律性质的工程咨询单位资信评价制度，作为委托单位择优选择工程咨询单位的参考。通过逐步完善工程行业标准规范，引导工程咨询行业有序发展。

国家取消工程咨询单位的资格认定，是投资体制改革的需要，实现与国际工程咨询行业接轨。取消了对工程咨询单位的性质壁垒后，原有的保护圈没有了，国内、国外的工程咨询单位可以同台参与竞争。长期来看，对工程咨询行业的健康有序发展非常有利。短期内，由于资信评价制度和市场诚信体系建设还不会很快完善，必然会经历一个过渡期。在过渡期内，工程咨询单位需要加强自律，为逐步建立自己的市场资信，做好取舍；委托单位要加强内部监管，政府为企业松绑的同时，企业不要借机为自身设限，限制市场公平竞争。

委托单位可以建立动态的正面清单，或者负面清单。由于咨询服务质量的模糊性和不确定性，使得市场监管，或者企业的采购管理的难度增加。行为人有可能找出很多理由，为限制竞争的行为辩解。而监管者恰恰找不到相应的规范，去约束那些扰乱市场秩序的行为。

三、目标计划与变化的关系

目标是投资目的的具体体现，我们可以称之为投资目标，或者工程项目管理目标。对于现代煤化工和石油化工投资，一个工程项目没有投资目标是不可想象的，大多数投资决策失误，其本质上是缺乏明确的投资目标。一个没有明确投资目标的工程项目，就像一条失去航向的小舟漂浮在大海上，沉没应该是大概率事件。投资目标是企业发展战略的组成部分，体现的是企业的意志。

前面提到的投资失误的案例中，丝毫看不出该企业投资现代煤化工项目的目标。投资的几个大型现代煤化工项目，均选址在前不着村后不着店的地方。既不靠近原料(比如大型煤矿、煤炭中转枢纽等)，也不靠近市场；既不靠近城镇(生活依托)，也不靠近交通(公路、铁路、管网等)。这样的项目，从一开始就注定要失败。

固定资产投资目标，是整个工程项目管理的航标，是凝聚各个参与单位专业能力和工作热情的核心，是指导工程项目建设一切工作的纲领。目标体系是固定资产投资目的的体现，比如通过固定资产投资，实现结构调整和转型发展，通过固定资产投资，带动某些行业的发展等。

工程项目管理计划，是实现目标体系中各级目标的路线图。基于对投资目标体系的深刻理解，根据对项目建设环境、政策和经济社会发展趋势的判断，预测可能发生的变化。分析这些变化对投资目标影响的性质和程度，综合运用法律的、经济的、技术的和工程项目管理的知识、经验和工具，制定管控这些变化的方案，这就是工程项目管理的计划体系。

世界上唯一不变的是变化，因为有变化，所以有计划，这是变化与计划之间的关系。企业的固定资产投资和工程建设项目，其本质是求变，通过变化实现企业发展的目的，在变化中达成企业的目标。工程项目是一个求变的过程，是一个促变的平台。工程项目管理的计划体系，是促变的实施方案，是求变的最佳路径。

1. 目标与约束条件

特别需要注意的是，在工程项目管理中，目标不要和约束条件相混淆。比如煤炭企业利用对原料控制的优势，投资现代煤化工，其目的是实现多元化发展，提高抗风险能力，是一种纵向一体化的发展战略。比如电力企业投资现代煤化工，是进入一个和原有产品、市场、技术、人才等诸多方面完全不同的新领域，这是复合多元化的发展战略，和垂直一体化的发展战略还是有些区别。所以，煤炭企业投资现代煤化工，和电力企业投资现代煤化工的目标也是有所不同。

约束条件，是工程项目建设不可逾越的限制条件，类似体育比赛的规则。比如不能突破批复的概算，因为实际完成投资，如果超过批准概算一定额度，就会动摇可行性研究报告的结论，从而会改变固定资产投资的决策基础；比如不能污染环境，因为如果污染物的排放指标，超过国家的限制标准，工程项目建设可能会触犯法律，触犯法律的项目无论经济性如何，都是不允许建设的。其他如安全的限制条件、工程质量的限制条件、进度的限制条件等，都属于这一类约束条件。

工程项目的目标和指标，既有区别又有联系。目标有定量的目标，也有定性的目标。定量的目标一般以指标的形式体现，比如投资回报率、资本金收益率、利润率等指标，体现投资回报的经济性目标。对项目管理绩效的考核，一般也是通过对体现定量目标的指标进行考核，来评价固定资产投资目标的完成情况。

2. 目标体系

投资项目的目标体系，是编制工程项目管理计划体系的依据。没有目标体系，计划体系要么是混乱的，要么根本无法编制出一个真正的计划体系。如果没有固定资产投资项目的目标体系，或者目标体系模糊不清，就不知道工程项目建设要达到什么程度，不知道要达到什么标准，也就不知道要做哪些工作，不知道做什么工作，就不知道需要配置什么资源，就不知道需要多少时间，就不知道需要多少费用。在这么多未知条件的前提下，是很难编制出工程项目的管理计划的，即使编制出来，也是纸上谈兵。没有方向，就会慌不择路。

对于石油化工和现代煤化工的投资项目，工程项目管理的目标体系，与工程项目管理的原则如影随形，相伴而生。没有投资的目标体系，就没有管理投资的原则。没有目标，会随波逐流，会不知所往，不知道为什么要投资，不知道为什么要建设工程项目。没有原则，不知道怎么进行可行性研究，不知道怎么做投资决策，不知道如何开展工程设计，不知道如何管理工程项目。

现代煤化工和石油化工投资的目标体系，需要精心设计。目标体系中要包括哪些目标，不包括哪些目标，哪些是重要目标，哪些是次要目标，需要分多少层次，所有这些问题都要有明确的回答。定义一个工程项目的目标体系，绝不是几个管理人员坐在办公室里，闭门造车做几张图表。需要一个由各专业人员、管理人员组成的团队，认真分析企业固定资产投资的目的，企业的发展战略，企业的长中短期发展规划，其他投资者的投资目标，国家的法律法规，区域经济发展规划、项目建设条件等。

在对这些因素分析的基础上，形成分层分级的目标体系方案。方案要经过逐级评审和确认，其目的，一是要严肃目标体系在工程项目管理中的地位；二是要达成上下一致的认识，没有共识的目标，不会被贯彻落实；三是对目标体系中多余的目标进行删减，缺少的目标要补充进来，不同的层级对投资目标的认识程度不同，通过逐级评审可以充分反映出来；四是评审工程项目管理目标定义的准确程度，包括目标是否准确反映了投资目的和企业战略，目标可实现的程度以及客观性。

对石油化工和现代煤化工企业来讲，工程项目管理的目标体系和与之配套的管理原则，应该是可行性研究报告批复后，正式发布的第一个工程项目管理文件，应该属于可行性研究阶段的工作。目标体系的科学性和可行性也是需要认真研究的。工程管理团队以及企业中相关部门，需要根据发布的目标体系和管理原则，组织编制工程项目管理的制度、流程、作业指导书等管理文件。

工程项目管理的目标体系，不是一蹴而就能够完成的，需要一个过程。像人们认识其他事物一样，人们认识工程项目管理目标体系，也有一个渐进的过程。认识论的规律同样适用于项目的目标体系，需要一个认识、实践、再认识的螺旋上升过程。

对于那些宏观的、总体的、原则性的目标，从工程项目一开始就要定义清楚。对于那些具体的、微观的、单纯的目标，则需要根据工作的进展，随着对工程项目认识的不断深刻，逐步地进行定义。这恰恰体现出来一个工程项目管理目标体系的科学性和系统性。微观的、具体的目标要和宏观的、总体的目标保持一致，原则上不应该出现背离。不同层级的目标，应该由工程项目管理中不同层级的团队负责。不同重要程度等级的目标，应该设置不同的评审确认流程。

投资控制的目标、建设标准的目标、选址目标、市场目标、产品方案目标等属于总体的、宏观的目标，需要在项目启动阶段明确。工程设计目标、施工目标、生产准备目标是具体目标，需要和总体的、宏观的目标相一致。至于各个装置的设计目标、物资准备的目标、技术准备的目标是更具体的目标，同样也要和前面的目标一致起来。

比如工程设计目标，由负责工程设计管理的团队负责编制和分解。同时，这是一个重要目标，需要生产管理团队评审，需要建设单位的管理层确认，还需要投资决策层批准。技术准备目标相对来讲是一个次要目标，由负责生产准备的团队，负责编制和分解，由生产企业的管理层确认，必要时由生产企业的技术负责人审批。

3. 工程项目管理计划体系

工程项目管理目标体系定义完成后，紧接着要编制工程项目管理的计划体系。计划体系是工程项目管理团队，根据对项目建设的环境条件和内部管理要素的分析，提出实现建设目标的方案路径、资源需求、协作关系、时间安排等方面的系统策划。工程项目的计划体系，是为了实现目标而编制的，同时还要受到诸多约束条件的限制，还会受到诸多不确定因素的影响。这三个方面，都是编制工程项目计划体系要考虑的主要因素。

目标体系，是工程项目计划体系的灵魂和纲领。编制计划体系，要紧紧围绕工程项目管理目标体系。计划体系的层级设计和重要程度定义，要和目标体系相匹配。目标体系中的每一个目标，都应该体现为计划体系中的一个节点。目标体系中的关键的、重要的目标，都应该体现为计划体系中相应的资源配置和控制措施。

实现目标的途径有很多，但并非每一个途径都是可行的。一个工程建设项目，会有很多约束条件限制，这些约束条件主要体现在工程项目管理的计划体系中。在编制计划体系的过程中，要充分考虑这些约束条件，把它们以适当的形式体现到具体的计划中。比如在华北地区，冬季不能进行室外混凝土作业，在雨雪天气不能进行焊接作业，大风天气不能进行吊装作业等。

这些硬约束条件比较容易理解，软约束条件容易被忽视。比如高空作业、受限空间的安全措施，隐蔽工程的质量停检和质量监督，前后工序相互影响造成的制约等。编制计划前，要尽可能把影响项目计划的约束条件，一一罗列清楚。这样编制工程项目计划时，就不会有太多的遗漏，编制的计划才有可操作性。

4. 计划与变化

工程项目管理计划体系，是根据项目建设的目标体系，考虑了项目建设过程中的各种约束条件，对未来建设活动、管理工作的安排。凡是未来的事情，都有一定的不确定性，离基准点时间越长，不确定性越大。而编制工程项目管理计划体系，必须假设在一个确定的条件下，对建设活动和管理工作进行安排。

这就出现了一个矛盾，即假设的确定的条件，与未来不确定的环境之间的矛盾。没有一个假设的、确定的条件，没有办法编制工程项目计划；而实际情况是，未来确实存在不确定性，存在变化的风险。这种风险，有可能对实现工程项目的目标有利，对顺利达到目标有促进作用；也有可能对项目目标的实现不利，给达成目标造成很大困难。无论是有利的风险，还是不利的风险，都会对实现项目建设目标产生影响。

变化是绝对的，不变是相对的。工程项目管理的特征之一，就是每时每刻都在面对一个变化的环境。而工程项目管理计划体系的作用，就是要解决确定的项目管理目标和不确定的管理条件之间的关系问题。大型的石油化工项目，或者煤化工项目的建设期，一般都在3~5年。在建设期内，发生和计划基准点不同的变化的可能性很大，发生的变化也会很大。这些变化需要通过风险分析的工具和流程，分类辨识出来，作为编制工程项目计划的依据。

政策和产业布局有变化的可能性。这样长的建设期，有可能跨越两个五年计划期。国家的五年规划，一般要对全国重大项目建设、生产力分布和国民经济发展，做出优化升级，对产业发展和产业布局做出调整。工程项目在建设期内，有可能会遇到国家产业政策和布局发生调整，这种政策性的影响，对工程项目目标的实现可能是颠覆性的。

风险辨识要根据经济社会的发展，以及国际产业分工升级的趋势，提前预测可能出现的变化与调整。工程项目的计划体系，要有一定的前瞻性，这种前瞻性要建立在对国内外产业技术发展方向、国家政策的导向、地缘政治变化趋势等，进行科学分析的基础上。对可能发生的、影响比较大的变化，作为编制工程项目管理计划体系的条件。

工艺技术有可能取得重大进展，对工程项目的计划产生影响。随着市场机制的完善，国家对知识产权的保护，以及对科技创新的鼓励，工艺技术的进步日新月异。MTO技术在2009年末首次成功工业化以来，目前第三代MTO技术已经开始工业化应用，甲醇单耗已经进入2.8时代。并且从当初的DMTO一枝独秀，现在已经有多家技术的工业化取得良好效果。其他工艺技术也基本保持同样的进展态势，比如甲醇合成技术、一氧化碳变换技术等，也涌现出不少新技术。平均两年左右在工艺技术上就会有突破。

工艺技术的突破，会对工程项目的计划产生影响。石油化工项目、现代煤化工项目的生存能力，取决于采用的工艺技术，市场竞争能力从根本上也取决于选择的工艺技术。技术的进步，必然会对工程项目的计划产生影响，有时可能是重大影响。当已经选择的工艺技术不再具有先进性，技术指标已经处于落后状态时，就面临着一个两难的抉择。如果调整工艺技术，工程项目的计划体系需要重新编制。即使不更换工艺技术，调整技术方案也是必选项，同样需要对工程项目的计划体系做重大变更。

在可行性研究阶段，除了对现有的成熟的工艺技术进行调查研究外，对相关工艺技术的发展趋势和进展状态也要给予足够的重视。建设单位在定义目标体系，编制工程项目计划体系时，要把这一因素作为依据。以便在工程设计和项目计划中，能够留有变更、调整的空间，或者为今后的技术改造留下余地。

突发事件对工程项目的计划体系会产生影响。项目所在地的突发事件、所在区域的突发事件，以及全国范围的突发事件，都会对项目的计划体系产生或大或小的影响。小的突发事件如：项目现场群体性斗殴、农民工集体讨薪等。大的突发事件如新型冠状病毒在全世界范围内传染，多地启动一级应急响应机制。编制工程项目计划体系，要给处理突发事件留有余地，或者准备应急措施。

恶劣天气等自然灾害，会影响工程项目的计划体系。工业的快速发展导致环境恶化、全球气候变暖、恶劣天气频发。暴雨、暴风、暴雪、洪灾、地震等自然灾害，会对工程项目的计划实施产生影响。不仅仅是项目所在地区的自然灾害，也包括其他地区，甚至是其他国家的自然灾害，都可能影响工程项目计划的实施。编制工程项目计划时，需要调查与项目建设相关的地区，近几年气象资料、地质资料。对于高发的自然灾害以及恶劣天气，需要考虑适当的规避措施。

编制工程项目管理管理计划，是一个需要综合多方面因素，具备多学科知识，拥有丰富实践经验的团队工作，而不是几个计划工程师能够胜任的。工程项目计划是工程项目建设期内，从开始到结束，从设计到施工等各项建设活动，前后有序衔接的保障；计划是工程项目建设范围内，设计、采购、物流、施工、调试等各项工作，有机协调的基础。

简单地说，工程项目管理计划是通过最经济、最快捷、最顺畅的方式，实现工程项目建设目标的最佳路径。所谓最经济，是指通过最优的资源要素配置，使未来变化造成的资源浪费最小化，或者使资源效率最大化；最快捷，是指在实现工程项目建设目标的路径之中，计划的路径是最快捷的；最顺畅，包括在实现工程项目建设目标的过程中，不利的条件少。

一个工程项目管理计划，很难同时满足上述三个条件。具体编制计划时，需要根据工程项目的实际情况，综合各种因素平衡取舍，编制一个综合效果好的工程项目计划体系。

变化是一个积极因素，不是一个消极因素。工程项目本身就是一个从无到有的变化过程。企业从小到大，从弱到强的发展也是一个变化过程。没有变化，也就没有这世界上的一切。彼得德鲁克说“未来的一切都是变化的，唯一不变的是‘变化’，管理的任务就是管理变化”。工程项目管理的任务，就是要认识变化，掌握变化的规律，通过项目管理计划体系来驾驭变化，创造条件，使变化朝着有利于实现固定资产投资目标的方向发展。

初渐谓之变，变时新旧两体俱有；变尽旧体而有新体，谓之化。变与化是一个相对的过程与结果的关系，在大系统中是变，在小系统中可能就是化。工程项目从无到有，是一种创造与新生，对于建设体系是一种升华，就是“化”，而其中的工程设计、装备制造就是“变。”而工程项目放在整个投资回报周期内，放在企业的发展战略中，就是一种“变”，只是为生产运行提供了物质基础，只是一个短暂的过程。

计划不是为了计划而计划，而是基于对事物变与化的规律和趋势的认知，因事而导，顺势而为。通过创造一些有利变化的条件，破坏一些不利变化的条件，使变化按照计划的方向和路径，以可控的节奏发展。这样就可以建立起一个比较完整的全寿命、全系统，具有指导作用的工程项目计划体系。

5. 编制工程项目计划体系的原则

建立计划体系，需要遵循一些基本的原则：

（1）系统性原则。每一个工程项目，都是一个完整的系统，这个系统中又包含多个相互关联的子系统。系统及其子系统之间，由于各种已知和未知的因素影响，随时都在发生变化。作为管理这些变化的工程项目计划体系，必须充分考虑这些系统之间的相互关联性。工程设计、物资采购、施工和生产运行不是一个线性的顺序递进关系，而是一个相互之间既有纵向联系又有横向关系的网络。工程设计进度，影响物资采购进度；反过来物资采购进度，也影响工程设计进度。物资采购进度，影响施工进度；施工作业，对物资采购工作也有影响。所以不能简单地说，哪一个是主动的，哪一个是被动的。

在实际的工程项目管理中，物资采购和施工往往置于被动的地位。作为龙头的工程设计，提不出技术规格和图纸，物资采购就只能被动等待。采购来的物资运不到现场，施工也无可奈何。这说明工程项目计划的系统性，尚未被广泛地理解。

作为工程项目计划体系的编制原则，要把工程设计、物资采购、施工和生产运行这三者之间的关系分析清楚。工程设计人员，在遵循工程设计流程的原则下，必须统筹考虑物资采购、施工和生产运行的需求。物资采购、施工和生产运行，也需要主动地将市场信息、施工安排、生产运行需求反馈给设计人员，形成正式的设计输入。

比如物资采购，需要将市场资源信息、所需物资地域分布信息、价格信息、物流信息、新产品代用信息等，及时准确地反馈给工程设计。工程设计，一定要在满足技术和工艺要求的前提下，尽量选择标准化生产的、市场供应充足的、便于制造和运输的、便于施工和维修的产品。从这个角度看，物资采购不是一个简单的下游环节和被动管理，而是需要主动为工程设计提供输入条件。

上面讨论了物资采购对工程设计影响的一个方面。工程设计，需要遵守与施工有关的规范和标准，比如压力试验的放空和排凝、焊接和热处理方案、设备吊装的特殊要求等，都必须反映在工程设计文件中。从这个方面来讲，施工也需要为工程设计提供必要的、正式的输入条件。

生产运行，对工程设计、物资采购和施工也同样有约束。投资建设工程项目，只是装置安全稳定长周期满负荷运行的前提和基础。从这个角度来看，工程设计、工程物资采购和施工，只是这个前提的部分环节。工程项目建设，除了要满足项目管理的要求外，还需要满足生产运行的需求。

生产运行如何给工程设计，提出输入条件或者约束条件，还需要制定一些相应的流程和格式文件。比如现代煤化工装置的检修周期定义为 3 年，设备和系统的配置都必须满足这一要求。设备可靠性能够连续稳定运行 3 年，最好是单套设备能够满足要求，也可以通过备用满足要求。装置的工程设计，要满足操作、安全生产和分析化验的要求等，比如适当增加在线分析，使得产品质量控制更加准确和及时。

生产运行，对施工和工程物资采购，也需要提出明确的需求。比如生产运行期间备品备件的要求，设备维护和检修的要求等，都必须反映在工程采购文件中。氧气管道必须经过脱脂处理，转动设备必须经过单机试车和联动试车，动力蒸汽管道需要经过打靶试验，某些催化剂预处理等，这些要求要反映到施工方案中。

理解了工程项目系统中各子系统之间的相互关系，在编制工程项目计划体系时，要考虑和反映这种客观存在的相互联系和制约关系。项目计划的这种系统性要落实到具体计划的编制过程中。

（2）生命周期原则。项目从立项开始，到竣工验收结束，一般被定义为狭义的项目生命周期。在这期间，工程项目经历了从概念形成、方案比选、工程设计、装备制造、施工、装置试运行和竣工验收等不同的过程。工程项目从无到有，从虚到实，从模糊到清晰，从抽象到具体，从投资到资产，形成了一个连续完整的生命周期。

工程项目的生命周期，也可以归纳为五个阶段：项目的前期阶段、项目的定义阶段、项目的执行阶段、项目的试车与中交阶段、项目的竣工验收与后评价阶段。项目的前期阶段，起于投资概念的形成，止于可行性研究报告批复；项目的定义阶段，起于总体设计启动，止于主要装置基础工程设计批准，和主要总承包合同签署；项目执行阶段，起于详细工程设计启动，止于基本完成工程设计范围内的施工活动；项目试车与中交阶段，起于装置单机试车，止于完成装置联动试车，并完成中间交接手续；项目竣工验收与后评价阶段，起于工程项目全部建设内容完成，投资转化资产，止于完成竣工验收手续，得出后评价结论，完成一个投资决策管理循环。

在工程项目的生命周期中，各个阶段的每一个环节相互关联和依托，环环相扣不可分割。每一个环节都和其他环节相互关联，并对整个工程项目产生影响。工程项目的计划体系，要反映这种阶段、环节的关联性，以及生命周期的完整性。在时间跨度上，工程项目计划体系，要涵盖从立项到竣工验收和后评价的整个生命周期。在过程上，工程项目计划体系，要包括工程项目经历的每一个过程和环节，不能省略和遗漏。

工程项目建设，是一个连续不间断的过程。工程项目计划体系，也应该是连续的。不能将工程项目计划体系，人为分割成相互独立的碎片。有些工程项目计划体系，不包括技术选择和可行性研究阶段；有些工程项目计划体系，不包括竣工验收和后评价的工作安排。

某现代煤化工项目历时四年建成，投料试车一次打通流程，产出合格产品。该项目在流程设计上，经过多次优化；总图布置分区、物流和人流划分合理；设备选型和系统配置也比较科学；开车后未发现一个漏点，系统在一个月内全部完成吹扫，说明施工质量很好。该项目在业界被树立为工程项目建设管理的标杆，无论是工期、质量、造价、安全还是运行的效果，在行业内都创造了不俗的业绩。

但是，就是这样一个投资项目，投产四年内没有完成竣工验收，投产八年后才完成了投资项目后评价。虽然，直观感觉上，工程项目管理的过程都不错，但是投资的效果无法得到验证，投资决策不能实现闭环，工程项目管理的绩效无法得到客观理性的评价。原因是多方面的，工程项目计划中，没有包括竣工验收和项目后评价的内容是主要原因。

工程项目竣工验收，对应项目的基础工程设计，二者形成一个闭环，是一项界面复杂、涉及内容较多的工作。包括各政府机构监管要求的专项验收和企业内部的审计以及资产移交等。这部分工作不仅需要预算，还需要各类资源的协同工作。有些工程项目计划，将装置中间交接或者机械竣工(MC)作为投资项目的终点，这不符合工程项目计划体系生命周期原则。

这样的工程项目计划，会遗漏项目管理的工作，会造成资源配置的缺失。其原因是，业主单位简单地采用了承包商的管理方式，思维错位。上面提到的现代煤化工项目，由于其验收手续不全，多次被有关机构强制停工整改，甚至其装置内的某些设施被查封。生产装置，是在没有满足法规要求的条件运行。该工程项目，没有完成其范围内的全部工作，交付的是一个未完成的工程项目。

(3) 适应性原则。工程项目计划体系，是用来管理变化的工具和平台。没有两个完全相同的项目，影响工程项目的变化因素以及工程项目发生变化的趋势，更是不尽相同。不同的工程项目，会有不同的利益相关者。不同的利益相关者，与工程项目的关系、对工程项目的态度不同。

这些角色众多、观点各异、利益诉求不同的利益相关者，是不确定的因素。正像股市中的K线图，是由大量多空博弈形成的总体趋势一样。工程项目的变化趋势，也是众多的利益相关者，相互作用的结果。投资股票，需要通过分析基本面和技术面，判断股市变化的趋势，做出买卖的决定。

编制工程项目计划体系，也是同样的道理。要对工程项目的利益相关者进行分析。分析他们与工程项目的关系、在工程项目中的角色、对工程项目的态度和利益诉求。在分析的基础上，对这些分析结果进行归类整理，按照约定的规则进行排列，进而分析变化的趋势。

针对这种变化的趋势，分析其对工程项目目标体系的影响。按照变化对目标体系影响的可能性，以及变化对目标影响的大小，可以计算出变化对目标的影响值。对于这些变化，需要做三项工作：一是创造条件，使得变化向有利于目标实现的方向发展；二是破坏某些条件，使得不利于项目目标实现的变化不发生、少发生或者缓发生；三是对于需要创造的条件、破坏的条件，在编制工程项目计划体系时，按照影响值大小和其他需要考虑的因素，分别配置不同的资源，准备适合的应对措施。

工程项目计划体系的核心作用，是通过对变化的管理，优化实现目标的路径。在这方面，经验主义和机会主义是两种主要危害。经验主义往往凭借经验，不相信科学，对目标体系缺乏敬畏之心，轻视计划的作用；机会主义，不愿付出艰苦努力，不愿在计划体系这样的基础性工作上花费精力，随意性大，投机善赌，妄想不劳而获。

某项目管理团队经验丰富，在工程项目管理领域，获得不少荣誉。该团队承接一个大型现代煤化工项目的管理任务后，对设计、采购和施工采用紧盯战术，通常需要四年的建设工期，不到三年半即完成了中间交接。该项目和以往类似项目在范围上有所不同，其中原料和燃料储运设施，是由另外一家公司投资兴建。储运设施建设按照四年的计划实施，实际项目进度比计划出现了较大延误。

结果该项目建成后不能投产，在发生大量管理费的同时，还要为提前投入的资金，支付高额的财务费用。由于忽视了工程项目范围不同，具有不同的利益相关者，没有进行认真分析，没有制定适应具体项目的工程项目计划体系，给企业造成了损失。

（4）冗余度原则。工程项目计划体系，需要有一定的冗余度。工程项目管理，利益相关者众多，影响因素复杂。通过丰富的工程项目管理经验，深厚的项目管理理论，和系统的项目管理工具，可以识别变化的趋势和影响值。但是，不可能识别出所有的变化，不可能判定所有变化的范围和幅度，总会有意外因素和突发事件。比如，发生于2020年初的新型冠状病毒疫情，迅速蔓延到了全球，对世界经济造成了灾难性的影响。

工程项目计划体系，应该为可能发生的突发事件和难以避免的意外因素，留有应对和处理的空间，以消除或者减少对项目目标实现的影响，这就是工程项目计划体系的冗余度。它客观反映了工程项目的变化规律，体现出变化的客观性，和管理的主观能动性之间的辩证关系。其目的，是通过对变化的认识，以及对变化发生条件的控制，创造有利于项目目标实现的环境和条件。

工程项目计划，研究的核心问题是有效地管理变化。工程项目计划管理的实践，是探索将变化控制在一定的范围和幅度内的管理活动。这个变化，是事物的变化和环境的变化。事物的变化是一个渐变的过程。发现事物的变化，需要一些洞察力，需要一定的分析流程。履霜坚冰至，一叶落知天下秋，事物的变化是有征兆的。而这种变化，是由于某些条件发生了变化导致的。依据专业知识和实践经验，根据一定的逻辑推理，是可以找到事物变化的直接原因，甚至根本原因的。

大部分事物的变化，通过适当的管理程序和工具，依靠比较专业的工程项目管理团队，是可以预测的。对于预测出来的变化，需要通过控制事物变化的条件，使其在可控的范围内变动。无论是可以预测的变化，还是不可预测的突发事件，都需要时间、人力、物力等资源的配置，以处理这些变化和事件。

一个适用的工程项目管理计划体系，需要为处理事物的变化留有余地。这些工作，大多数情况下是难以避免的。把处理事物变化的工作列入计划，有几个原因：第一个原因，处理事物变化的工作，是工程项目管理范围内的工作，范围定义完整，是工程项目管理的基本要求；第二个原因，处理事务变化，需要配置资源，而资源是需要事先做出预算的；第三个原因，作为工程项目管理的计划控制岗位，其主要的职能，就是跟踪监督这些变化，以便及时采取应对措施；第四个原因，这是一个规范的工程项目管理必不可少的工作内容。

在工程项目计划体系中，为处理变化安排的裕量，叫冗余度。冗余度包括费用、时间、人工和其他资源等。不同的人，对于冗余度的理解可能会有不同。有人把未来不确定的事项，当做必然的确定的事项处理。比如有的项目管理团队，把项目备用金作为项目正常预算的一部分；有的项目把备用资源作为项目的正常资源来使用等。

某大型现代煤化工项目，在项目进度还不及一半时，感觉到某些费用可能会超出批复的概算，造价人员和财务人员动用备用金，支付工程项目的正常费用。此时，市场价格低于预算价格，也没有计划外的工作。这属于项目管理失误，造成费用超支，说明对计划冗余度的理解有不准确、不全面之处。

计划冗余度，是应对那些在编制工程项目计划时，无法准确预测和判定的变化而设置的，不是被用来弥补项目管理不善，或者失误而造成的损失。工程项目管理失误而造成的损失，应该通过项目管理绩效考核系统来评价。

动用工程项目计划冗余度，要有严格的审批程序，要审查是否发生了变化。这变化是计划内的变化，还是计划外的变化；审查变化是有利的还是不利的。然后，判断是否可以动用计划冗余度，以及如何动用。

使用计划冗余度的审批权，应该放在使用者的上一级。避免用计划冗余度，来掩盖项目管理的失误。这是对计划冗余度准确和完整的理解。否则项目备用金、机动时间就变成了项目管理失误的避风港，失去计划冗余度的本来含义和真实作用。并且，一旦发生了变化，需要使用冗余度时，反而没有可用的或者足够的费用和资源。

（5）可控性原则。事物的变化是有规律可循的，未来的变化发生在已有的基础上。即使那些看起来突发的事件，也有其孕育发展变化的过程。作为管理变化的项目计划，要能够起到控制变化，使其沿着计划的路径发展，即工程项目计划要有可控性。

工程项目计划的可控性，包括：计划的可分解、可测量和可以考评等三项内容。一个完整的、有效的项目计划，必须能够根据项目特点和管理需要，分解到不同的层级。项目计划，需要不同层级的人，执行不同的任务。将项目计划，按照项目范围的网络架构和责任分工，分配到具体的团队、岗位和人员。

将工程项目计划体系按照层级分解，是分配任务的前提。分配到每一个岗位和人员的任务，是否按计划要求完成，以及完成的比例和进展状态，要真实、准确地反映出来。这就要求工程项目计划，是可以测量的。通过测量，能定量和定性地反映出团队、岗位的管理绩效。

工程项目计划体系，应该是一个自激励的体系。能够通过绩效测量、比对，自动激励团队、岗位努力工作。项目计划体系，要具有对绩效比较和评价的功能。

某加油站项目原概算为 630 万。项目目标模糊，计划分解不完整，并且没有相应的控制流程。因为移栽树木和挖填土方增加投资 300 多万，办公用房从 5 间增加到 8 间，加油站棚顶由普通钢结构变更为网架结构。项目竣工结算额为 2100 多万，是原来批复概算的近 4 倍。计划用 1 年的时间完成项目建设，结果 5 年后才具备投用条件。

项目管理人员，对项目计划的认识不足，反映出项目计划的随意性和项目执行的随意性。通过一个协调会的纪要，即可对项目计划进行变更。甚至通过一个电话，就可以对项目计划进行变更。项目管理，没有了执行的依据和绩效考评的基准。项目执行过程中，甚至无法测量项目的进展状态。原因是项目计划没有可控性，缺乏对团队激励的有效机制。

四、工程项目建设与生产运行的关系

简单地说，工程项目建设，把投资变成了资产——固定资产、无形资产、流动资产等。生产运行利用这些资产，实现投资回报，收回投资的本钱，并获取预期的收益，实现资本的增值。时间顺序上，工程项目在前，生产运行在后。空间位置上，生产运行在工程项目的基础上把原料转化为产品。

在实际中，对工程项目建设和生产运行之间的关系，有很多不同的理解。这些不同的理解，体现为处理项目建设和生产运行的不同方式。主要归纳为三种：

割裂两者之间的关系，各自独立运行；

生产为主，项目管理从属于生产管理；

项目建设为主，生产管理配合项目管理。

实际工作中，具体的表现不一定这么明显和典型，但是在程度上，都可以划归到三类中的一类。

下面分四个部分来说明。前三个部分，分别讨论这三种典型的关系。第四部分，讨论应该如何处理这两者之间的关系。通过对三种典型关系的讨论，分析其认识基础。基于这种认识的处理方式对项目管理和生产运行的影响，为正确理解工程项目，和生产运行的关系，奠定基础。

1. 割裂项目管理和生产运行之间的联系

(1) 表现形式。项目建设和生产运行，各自独立，互不干涉，泾渭分明，界限清晰。这种现象，近年有减少的趋势，但是仍然是一种很有影响的认识。在一次项目管理的研讨会上，参会者以生产企业为主。会上，上述的三种典型认识，形成了三足鼎立的形势。

有一类生产企业坚持认为，生产企业只管生产运行，不管工程建设，这样责任很清晰。各人都把自己的事管好，也不要参和别人的事。这是以生产企业为主，研讨的结果之一，不一定具有代表性。假如项目建设企业和生产企业各占一半，研讨的结果可能会有不同。

在20世纪末，有一种比较流行的观点：小业主，大社会。其意思是，业主或者建设单位，应该集中精力抓好生产运行管理，工程建设交给社会上更专业的团队。这个观点本身没有错误。因为这只是一种观点，或者只是一个概念，不是一套理论体系，没有说清楚其内涵。

要表达清楚一个概念，或者说明一个观点，需要对概念进行定义。“小业主，大社会”这种概念，适用于规定性定义。要定义清楚一个概念，需要在内涵和外延两个方面都是清晰准确的。这两个相关联的概念，既没有内涵，也没有外延，只是一句口头语。

改革开放之前，计划经济体制下，政府部门的分工是：投资归计划主管部门，建设归建设主管部门，生产归行业主管部门。这种分工管理的形式，对当时国家的经济建设，起到非常积极的作用，快速奠定了我国的工业基础体系。但是，随着经济结构多元化，工业体系在质和量两方面都发生了巨变。特别是改革开放，要求经济体制改革，这种分工管理模式难以适应新的要求。

主管建设的部门是经历机构改革比较多的部门，从建筑工程部、基本建设委员会到建设部。部门下设有设计、施工、运输、劳资、研究等职能机构。负责基本建设项目的全过程管理，分工很细，管理的幅度也很宽。

作为石油化工行业主管部门，机构改革的频次是比较高的，也是比较大的。从石油部、燃料部，最终走向市场化。投产的石油化工工厂，根据其性质和产品，分属于相应的下属机构管理。这种分工管理的界限，是比较清楚的，也是有充分的依据的。

（2）原因分析。在国家工业基础比较薄弱，需要集中有限的资源完成产业布局的情况下，这种通过部门分工、统一组织资源的方式，对完成国民经济发展计划是比较有效的模式。但是，面对一个庞大、完整、系统的工业体系，这种模式就显得无能为力。所以，投资体制改革是必然的选项。

改革开放，已经走过了四十多年的历程。投资体制、政府机构、部门职能，都已经发生了很大变化。机构、制度和流程这些有形的东西，改起来是比较容易的。意识观念这些无形的东西，却是难以改变的。几十年形成观念，绝非一纸文件可以改变的，需要一个比较漫长的过程。

观念改变的难度，在于它是人脑中长期形成的，已经固化成思维方式的一部分。它会随着环境的变化，以不同的形式体现出来。比如，可以通过“小业主，大社会”这种流行语，来体现项目建设和生产运行各自独立的观念。

“小业主，大社会”本意应该是，建设单位充分利用市场上专业团队，而不必自己组织建设团队。社会化分工，可以提高效率，这是古典经济学的基本理论。“小”与“大”只是组织架构的形象描述，不是责任的表达。

社会上专业的工程项目管理团队，提供的是专业化的技术、技能和能力，其只对所提供的服务内容负责，并没有责任对整个项目负责。“大社会”并不能大到对项目的整体承担责任，“小业主”也不能小到把自己应该承担的责任转移出去。

生产运行，面对的是一个相对稳定的状态；工程项目，处理的是一个不断变化的事物。项目管理和生产管理，有着不同的管理方式。生产管理的核心是持续改进，提升效率；项目管理的核心是控制变化，实现目标。

生产企业，长期管理相对稳态的事物，会对变化的、不确定的事物，产生不适应的感觉。面对不熟悉的环境，面对不熟悉的专业，好比走入一个大森林，会有迷惘的感觉。这种感觉，会诱导出对这种环境的排斥心理。

在处理工程项目和生产运行的关系时，持有这种认识的企业，希望得到一个建成的、确定的装置。这个装置的性能、能力、规模是确定的，经过验收的。在此基础上，组织生产运行，感觉视野是开阔的，方向是明确的。

同一种现象，产生的原因不同。第一种原因，是一种思维的惯性，管理学叫路径依赖；第二种原因，是一种心理态度，心理学叫损失厌恶。

(3) 这种现象的危害。对于石油化工和现代煤化工企业，工程项目和生产运行，是一个事物的两个方面。只是由于这两个方面，在工作内容、工作性质和工作方式上的不同，为了便于管理，将其划分为工程项目管理和生产运行管理。

工程项目和生产运行，不是简单线性递进关系。尽管从实体工作看，项目建设在前，生产运行在后。但是，生产运行的管理工作，是从投资决策开始和项目管理同时启动，共同承担起实现投资目标的任务。如果用一个生命体来比喻，项目建设好比是培育期，生产运行好比是成熟期。不能把一个完整的生命，割裂为两个独立的部分。

项目建设最直接的目的，是为生产奠定物质基础。宏观上，项目建设为生产服务。项目建设，要满足生产运行的需求。生产的需求，有定量的需求，也有定性的需求。定量的需求包括：技术指标、操作参数、产品标准、排放限值等；定性的需求包括：可操作性、可维护性、总图布置、装置柔性等。

生产运行的需求，有些以目标的形式，传递给工程项目；有些以约束条件的形式，给项目建设规定了边界；有些以工程统一规定的形式，给工程设计、装备制造、试验调试设定了规范；有些以审查意见、评估报告的形式，给工程项目提出了要求。作为目标，在项目前期目标定义时，应该成为目标体系的组成部分；作为约束条件，在设计项目计划体系时，应当形成计划的限制条件；工程统一规定，在项目定义阶段作为招标的要求；审查意见、评估报告等，在项目定义和执行的过程节点上，针对特定的、具体的工作提出。

我们可以看出，生产运行对工程项目建设的要求，贯穿于项目建设的全过程、全领域。如果，人为分割成两个独立的部分，生产的要求无法传递给工程项目，或者至少无法有效传递。那么，建完的工程项目，既不可能完整地实现目标，也不可能遵守约束条件和工程规定。

一个失去目标的工程项目，既不知道为谁建设，也不知道为什么建设。这就是一堆钢筋混凝土的集合，是一个机械装置，不是一个有灵魂的有机体。

这样的装置，建设移交给生产后，前期由于管理分割造成的欠账，都会在生产运行中一一暴露出来。为了偿还这些欠账，生产企业不得不进行技术改造。投产后五年之内，一般是技术改造比较密集的期间。为了提高生产运行参与工程项目建设的深度，有的现代煤化工企业规定：工程项目建成投产后，两年内不得进行技术改造。

对于现代煤化工工程项目，同样一项工作，技术改造的投入，平均是建设期间的四到七倍。这还不包括，由于装置存在缺陷，造成的能耗物耗高，以及维护检修工作量大所带来的间接损失。一般地，如果投产五年内，技改投资在5%以内，属于平均水平；如果技改投资超过10%，说明生产运行和工程项目脱节严重。

工程项目建设完成，投入生产后，如果长时间不能达到设计指标，可能会动摇可行性研究报告的计算基础，进而威胁到投资目标的实现。这个问题的性质就相当严重了，如果启动追责，是追究投资决策的责任，还是追究项目管理的责任或者追究生产运行的责任。

2. 工程项目管理从属于生产运行管理

第二种典型的观念，是把工程项目管理纳入生产运行管理的制度中，让工程项目管理从属于生产运行管理。这种情况，在技术改造项目中比较常见。

新建项目，有时从形式上看似乎是工程项目管理的模式，本质上还是生产运行管理的方法。

（1）表现形式。技术改造项目，属于固定资产投资的范围，管理思路和管理流程，应该按照工程项目的体系进行管理，遵循基本建设的管理程序。石油化工企业、现代煤化工企业，技术改造的投资规模比较分散，平均在几千万元，一般不会超过十亿元，小规模的也有几百万元的。

因为投资规模小，其本质属性容易被忽视。生产企业，认为技术改造是“设计+采购+施工”三项工作，设计归技术部门负责，采购的物资由供销部门提供，施工一般是参照装置检修管理的模式，由设备机动部门对技术改造项目进行管理。从形式上看，技术改造项目和装置检修相比，前面多了一个可行性研究报告，或者立项文件一类的手续，中间多了一个工程设计，最后增加一道验收的手续。

生产企业，一般按照现有的组织结构和职能分工，参考检修管理的模式，对技术改造项目的工作进行分工。可行性研究报告和工程设计，一般由负责技术管理的部门承担；物资采购由负责供应的部门承担；施工管理，大多分配给负责设备检修的部门。这样一个完整的技术改造项目，就被人为地分解成几个独立的部分。

对于投资规模大一些的技术改造项目，有些生产企业，会成立专门的项目管理组织。按照矩阵式组织结构，从相关职能部门抽出人员，组成项目管理组织，负责技术改造项目的管理与协调。

但是，由于技术改造项目，不是生产企业的日常工作。投资规模大一些的技术改造项目更少。一般的生产企业，很少制定出完整的工程项目管理制度和流程。有的生产企业，把施工管理流程当做工程项目管理流程；有的企业甚至没有关于工程项目的管理制度。

对于没有工程项目管理制度和流程的生产企业，即使成立了专门负责技改项目的管理组织，也主要是协调的功能，缺少管理和控制功能。因其没有制度，就缺少行使管理权的制度依据；因其没有流程，就缺少审批事项的权利。所谓的项目管理组，实际上是一个项目协调组。因为其决策事项，需要纳入到生产管理的流程中，由职能部门负责流程审批。

有的新建投资项目，包括有些投资规模较大的现代煤化工项目，组建了专门的工程项目管理组织。组织中按照工程项目管理的职能，成立了相应的职能部门。有些工程项目管理组织，还引入专业的工程项目管理公司(PMC)。有些项目，吸收专业工程管理人员，和建设单位一起组成一体化联合项目管理团队(IPMT)。

有了专门的工程项目管理组织，一般会编制相应的管理流程。中国已经建设了很多大型石油化工项目。现代煤化工项目，近十多年也风生水起。这些工程项目的管理流程，大多可以收集到，参考这些现成的资料，编写自己项目的管理流程，是一种简便易行的方法。如果引入专业管理团队(PMC)，通常由其编写工程项目管理流程。

这样的新建工程项目，看起来有很专业的管理组织，有专业化的管理流程。如果生产企业没有从本质上理解工程项目管理，只是形式上的模仿，仍然用生产运行的方法管理工程项目，不仅工程项目管理存在问题，也为投产后的生产运行留下不少隐患。典型的表现有：重视指标，轻视目标；盲目提高标准，忽视系统匹配；草率放大余量，留下余量隐患等。

此类项目，工程建设和生产运行基本上是一个团队，即所谓的联合项目管理团队。工程项目建完后，大部分人员从工程建设管理转入生产运行管理岗位。存在的问题，或者留下的隐患，不容易被发现，比较难以暴露出来。因而，不会引起普遍的关注，也不会成为评价的重点。即使生产运行中出现问题，生产企业管理的重点在于解决问题，而不会深究问题产生的根源。

(2) 原因分析。生产管理(Operation management)，与项目管理(Project management)是两种不同的管理。生产管理追求“稳”，通过持续改进，提升效率，达到“优”。项目管理的中心是变化，通过控制变化的条件，使变化的趋势按照计划的路径发展，从而实现投资目标，即：约束条件下的目标导向。

两种管理本质属性不同，需要采用不同的管理方法。在管理学领域，项目管理和生产管理是两种不同的管理学科。两者具有不同的理论体系，使用不同的管理工具，采用不同的管理流程。项目管理，要求人员具有处理变化的能力。生产管理，要求人员有发现和解决问题的能力。

当然，生产管理和项目管理，也有许多相同和相通、相似之处。两者同属于社会科学中的管理学，遵循管理的一般规律，即计划、组织、指挥、控制、协调。其中，物资采购和装置大检修采购颇为相似；施工组织和检修施工的工作性质，大同小异。

把工程项目管理，作为生产运行的附属部分，实际上，是更多地看到了两者的相同与相似，忽视了本质属性的不同。工程项目管理和生产运行管理，是两种性质不同的事物。不能把工程项目管理和项目管理团队混淆，也不要把生产运行管理和生产管理团队混淆。

工程项目管理团队，不是管理好一个工程建设项目的充分必要条件。生产管理团队，也未必不能把一个工程项目管好。关键不在于哪个团队管理，而在于怎么管理，在于管理的理念、方法论、管理工具和管控流程。这是需要明确的一个重要概念。

工程项目管理，不仅仅是矩阵式、项目式等组织形式，也不是一套系统的管理流程。它首先是一种理念，一种思维方式，一种方法论。五个阶段、九个领域的知识体系，不过是项目管理理念的表现形式。网络图、计划评审技术是项目管理方法论的载体。

生产企业，如果只看到了工程项目管理的一般属性，而忽视了它的特殊性，就容易出现上面的现象。而事物的本质，恰恰是由它的特殊性决定的。市场经济，是所有市场经济体制的一般属性。中国特色社会主义市场经济，是中国经济体制的特殊属性，是区别其他市场经济体制的本质属性。

管理是生产和项目共有的一般属性，是共性。相对于管理，项目管理是项目的特殊属性，是区别于生产管理的标志。项目管理，是项目这一类事物的普遍属性。相对于项目管理，石油化工、现代煤化工工程项目管理，是这一类事物的特殊属性，是个性，是区别于其他工程项目管理的本质特征。

改造自然的前提，是认识自然。做好石油化工、现代煤化工工程项目管理，其前提是认识这一类事物。认识这一类事物，就是要认识这一类事物的本质，就是要认识这一类事物内在的规律。要认识它的本质和规律，就要通过去伪存真、去粗取精，由表及里，透过现象发现其内在的本质属性。

石油化工、现代煤化工工程项目管理的本质，在管理学领域中，要从它的两个限定词认识。第一个限定词是“工程项目”，将其和生产运行管理以及其他业务管理区别开来；第二个限定词是“石油化工、现代煤化工”，将其和其他行业领域的工程项目管理区别开来。按照亚里士多德第一哲学原理，如果把管理看成“属”，这两个限定词就是它的“种差”。

石油化工、现代煤化工工程项目管理的本质，就体现在它的“种差”上。认识这类事物的本质，要从“种差”入手。无论是生产运行管理团队，还是工程项目管理团队，要管理好石油化工和现代煤化工工程项目，都必须首先认识它的特殊性，认识这类工程项目的特殊规律。

如果认识不到石油化工和现代煤化工工程项目的特殊性，而只是看到它的普遍性和一般性，用生产运行管理的方法，用电力工程项目管理的方法，或者用煤炭工程项目管理的方法，都是很难达到预期的目标的。

当然，正确的形式是内容的载体，内容和形式相辅相成，共同促进事物的发展。采用适合的工程项目管理组织结构，有助于管理团队更接近认识这类项目的本质，有助于石油化工、现代煤化工工程项目实现目标。关键还在于，在追求“形似”的基础上，进而追求“神似”。

（3）产生的影响。采用职能部门分工管理工程项目的方法，教科书上有很多论述，主要是从工程项目的组织形式，讨论其利弊。实际上，关键还不在于形式，而在于其内容。工程项目是一个完整的、系统的整体，不是由设计、采购和施工等几个业务，像码积木一样堆砌而成。

要完成一个完整的工程项目建设目标，可以将工程项目的工作，按照约定的规则进行分解，也必须进行分解。分解按照系统的原则进行，分解后形成节点，在纵向和横向之间相互关联。分解不是拆分，不是切割。按照生产管理的职能，将工程项目的任务进行分工，类似斩断式的切割，破坏了工程项目的系统性。

供应部门和设备管理部门，很难主动介入到项目的工程设计中，更不用说项目的立项和可行性研究工作。工程设计的输入条件，主要来自于技术管理部门。有关物资装备的市场信息、企业的物资储备信息、物流信息等，供应部门不能有效传递给工程设计。有关设备运行状态、备品备件、检修维护的信息，设备部门也不能顺畅地传递给工程设计。

这种按照生产企业的职能部门，对工程项目的工作进行分工，不仅会遗漏很多重要的输入条件，而且，还会遗漏很多工作内容。我们前面讲过，狭义的工程项目大体上划分为五个阶段：前期阶段、定义阶段、执行阶段、试车中交阶段、竣工验收与后评价阶段。前面的工作一般不会遗漏，因为，一是前面的工作不完成，后面的工作会受影响；二是前面的工作，有相对突出和明显的业务特点，都可以找到对应的责任部门。最后一项工作，竣工验收与后评价没有突出的业务特点，另外这是工程项目建设的最后一项工作，也难以找到对应的责任部门，所以经常被遗忘。

在现代煤化工企业里，大约一半以上的技术改造项目，没有进行过竣工验收与后评价。仅仅从操作和使用的角度看，不进行竣工验收，也没有什么影响。但是，从工程项目管理的角度看，没有进行竣工验收，说明项目没有完成，是一个未完成的项目。没有竣工验收，无法考核评价工程项目管理的绩效，没有办法证明，技术改造是否到达了预期的效果。从生产管理的角度看，由投资转换为资产，其价值的准确度和规范程度都是值得怀疑的，从而影响后续的经济核算。更重要的是，没有工程项目的竣工验收和后评价，无法确认固定资产投资的目标是否实现，以及实现的程度。

按照矩阵的形式，成立专门的工程项目管理组织，对技术改造项目进行管理。这种形式，比按照职能部门分工的方式有进步。这表明企业已经具备工程项目管理的意识，注意到工程项目管理和生产运行管理的区别。但是，仍然把工程项目管理，作为一个从属于生产运行管理的职能。

这种从属于职能部门的矩阵式工程项目管理组织，主要功能是协调，而不是管理。从形式上看，是双重领导和权利分配的问题。本质上，却是缺乏对工程项目管理特性和本质的认识。用一种静态的思维，对变化的事物进行决策；用一种稳态的方式，处理动态的问题。这才是问题的本质。

这就好比宋朝的皇帝，每次出征前，都要制定一个作战方案，交给带兵的将领。其结果，基本上是败多胜少。因为它违背了战争的基本规律，没有认清战争这件事物的本质属性。工程项目管理也是一样的道理。

建立专业的、专门的项目型管理组织，编制工程项目管理流程，对工程项目管理都是有利的。《孙子兵法》云：兵无常势，水无常形，能因敌变化而取胜者，谓之神。所以仅仅形似还是不够的，神似才是最根本的。一个具体的石油化工项目，或者现代煤化工项目，由于具体的地域地理环境不同，厂址水质小气候不同，工程项目的管理要求相差很大。对于管理的组织形式，由于建设地区、企业文化不同，甚至工程项目管理人员的背景不同，都需要因地制宜地，采用适合的组织形式，不必拘泥于教科书，也不必照搬其他项目。

如果一个工程项目的管理组织，仅仅在形式上像一个项目管理组织，而在实质运作上，刻舟求剑、墨守成规，忽视具体工程项目的特殊性，必定会发生“失街亭”。这在很多现代煤化工工程项目中，都可以找到具体案例，在此不再一一列举。

3. 生产运行管理配合工程项目管理

这是第三种典型的表现形式，在有些新建的大型石油化工、现代煤化工项目中，可能出现。大型石化联合装置、现代煤化工联合装置，投资规模在百亿以上，甚至数百亿元，由十几套以上的工艺装置和配套设施组成。其工艺技术的复杂程度、工程项目管理的难度，远远超过一般的工程项目。这类工程项目，一般历时较长，有些还要分期建设，分期投产，以优化融资成本。

这类工程项目的组织，具有半永久的性质。其职能部门的设置，组织结构和人力资源的配置，一般会考虑比较长的周期。有些企业，甚至会将工程项目管理组织作为永久编制。综合考虑工程项目建设和生产运行的需要，在人力资源配置上，一般会以工程项目建设为主，适当配置生产人员，配合工程项目管理，主要是技术方面的工作。

（1）表现形式。工程项目的特点，决定了它是一次性的任务，意味着必然会有始有终。工程项目的这一特点，决定了在人力资源配置上，需要更多地依托市场和社会。但是，市场和社会，主要提供的是知识、技能和经验等专业化的服务，以协助建设单位进行专业管理为主。

这种专业化的服务，大多以合同的形式，约定双方的责任和义务。这种合同关系，由于双方角色不同，利益诉求不同，决定了专业化的管理，很难代替投资方或者建设单位对工程项目的管理责任。因为，合同责任都是有限责任，仅对合同约定的事项承担责任，不会对整个工程项目承担责任。

建设单位，对强化工程项目管理有强烈的需求，而市场上的专业化服务不能完全满足。为了解决这一矛盾，企业提前引入生产管理和操作人员，这是目前通常的做法。有三个好处：一是可以满足工程项目管理对人力资源的需求；二是这些人员可以提前介入，熟悉流程、熟悉装置性能；三是这些人作为工厂未来的主人，其利益诉求和项目管理团队比较一致。

通常的观点：生产人员对工艺流程比较熟悉，对装置的操作性能比较了解。在工程项目建设阶段，如何充分发挥工程项目管理人员和生产人员的特长，以及发挥生产人员主人翁的作用，对这个问题直接、朴实的回答，就是在很多大型石油化工项目，特别是现代煤化工项目上的组织形式。

第一种情况是，安排生产人员到工程项目的技术部门和采购部门作为专业工程师，参加工程设计审查，常驻设计院督促出图，参加设备催交及检试验，参加合同谈判和技术参数确认等。根据生产人员未来的工作岗位，分配到相应的工程项目管理团队，协助项目经理协调解决技术和设备问题。

第二种情况是，除了安排一部分生产人员加入工程项目管理组织外，由生产团队派出生产代表参与工程项目技术管理工作。生产代表代表生产团队，不是项目管理团队的成员，主要起到信息沟通的作用。一方面，把生产团队的要求传达给工程项目管理团队；另一方面，把工程项目建设的进展情况以及重大事项，及时反馈给生产团队。

第三种情况是，由工程项目管理团队，和生产团队的共同上级，直接把某些职能分配给生产团队。主要是技术管理工作、设备选型、工程设计审查、方案审查等。其目的，还是更好地发挥两个团队的优势，取长补短，优势互补，形成合力。

具备这三种情况的工程项目管理团队，通常都可以归入一体化项目管理团队的范畴。一体化项目管理团队，是借鉴了中外合资石油化工项目的组织模式。现代煤化工项目，普遍采用了这种组织模式。从组织形式看，是把人员的互补、经验的互补、能力的互补、知识的互补，统一在一个组织中。其本质是围绕投资目标，进行系统的、有序的知识体系的有机融合。

如果不对具体投资项目进行分析研究，不了解具体工程项目的特点和建设条件，仅仅采用这种简单的互补，利用的是分散的、零碎的个人经验，发挥的只是有限的知识和认知。这种有限的、零散的知识和经验，各自独立，互不关联，有时甚至互相冲突，互相矛盾。不同的背景和阅历的人，由于对工艺流程和技术参数的理解不同，会产生很多无序的要求和结果。这些无序隐藏在工程设计中，隐含在设备选型中。在生产运行的过程中，有些无序的工程设计和设备选型，会逐渐暴露出来，有些可能永远不会显现出来，长期消耗能源、物料，长期消耗管理。

（2）原因分析。透过现象看本质，是认识事物的基本方法。石油化工、现代煤化工工程项目管理，作为一类客观存在的事物，同样需要透过现象看本质。现象是表现在外部的，容易被感官感觉到，并形成感觉、直觉和印象，是对事物的粗浅的认知。本质是隐藏在现象背后的，需要通过思维进行抽象、提炼和归纳，需要透过现象之间的联系，事物之间的联系，发现其特有的、固有的特征，是对事物的深刻认知。

真实的现象，是事物的属性，是认识事物本质的第一步，是不可缺少的步骤。对现象的认知，来源于人的感官，是一种本能的、自然的和直观的认识。因而，相对要容易一些，也更符合大多数人对同一事物的普遍认知。

比如，著名天文学家托勒密，在吸收了前人研究成果的基础上，结合自己多年的观测和计算，发展了亚里士多德的地心说，在上千年的历史中被欧洲人公认为是真理。它和人们日常对天体运动的感觉相吻合，直观地解释了人们感觉到的天文现象。也被天主教教会利用，成为统治人们思想的核心世界观。

本质是事物特有的属性，需要在感知的基础上，透过表面的现象，运用逻辑的思维方式，由表及里，由浅入深地，从个别的、直观的认知中，提炼抽象出普遍的特性。认识事物的本质，不可能一蹴而就，绝非一朝一夕之功。需要有科学的态度、辩证的思维方式，需要克服很多困难，需要下一番苦功夫，才能有所收获。

哥白尼在研究和观测天体运行的现象中，发现了托勒密地心说的谬误。为了验证自己的理论，哥白尼进行了大量的天体观测，利用当时的几何学进行了大量的计算。直到临终前，他的《天地运行论》才得以发表。这一理论，颠覆了人们对天地宇宙的认识，改变了人们对自然界以及自身的认知。日心说，揭示了太阳系运行的本质，但是这一过程经历了数个世纪，甚至有人为此献出了生命。

托勒密和哥白尼，都是伟大的天文学家，都是现代科学的开创者。他们都在自己的时代，为人类认识自然的本质，作出了巨大的贡献。他们的认识和理论体系，都比他们的前人，更加接近太阳系运行的本质。现在的太空探测技术，以及理论研究，比哥白尼时代又进了一大步。

对石油化工和现代煤化工工程项目管理的认识，也有一个由具体到一般、由分散到整体、由孤立到系统、由表象到本质的过程。每一次改进，都是在以前的基础上，向认识这类工程项目的本质迈进了一步。

工程项目的组织形式，是工程项目的属性之一。一体化工程项目管理组织，是对石油化工、现代煤化工工程项目管理认识的深化。人力资源的配置，也是工程项目的属性，石油化工、现代煤化工工程项目建设，所需要的人力资源结构，和其他工程项目相比，有着显著的区别。

但是，这些不是工程项目最核心的属性，不是石油化工和现代煤化工工程项目的本质。或者说，这些是其本质属性的外在表现形式，是本质属性的载体。

（3）产生的影响。在整个固定资产投资以及扩大再生产的循环中，工程建设是其中一个重要而短暂环节。工程项目建设，有很多的作用，比如扩大再生产、生产力布局、调整国民经济结构等。如果不考虑工程项目的前期决策阶段，这一环节的主要功能，是把投资转化为资产。

这一环节一般不会太长，短则30个月左右，超过60个月的已经很少了。但是，其对整个投资质量的影响，却是重大的。如果不考虑投资决策的质量，这一环节对投资质量的影响是决定性的。

如果固定资产投资目标模糊，再加上工程项目管理混乱，通过这一环节，也有可能把投资转化为无效资产。这包含两层含义：第一层含义，是指整个投资形成的资产都是无效的，或者大部分投资形成的资产是无效的；第二层含义，是指少部分投资形成的资产是无效的。区别这两层含义的指标，是整个投资是否能够产生基本的回报。

整个投资或者大部分投资，所形成的资产是无效资产，整个投资不能产生回报，这是一种极端情况。前面提到过这样的案例，这里不再重复。这类投资形成的资产，要么不能进行生产，不产生回报，只发生成本，没有收入；要么可以进行生产，有销售收入，但是现金流为负，没有偿债和回收投资的能力。

属于第二层含义的情况，比较普遍。无论是民营企业、国有企业，还是合资企业，投资中都难以避免。在总投资中，有一部分形成无效资产，不同工程项目的区别仅在于程度不同而已。无效资产，不超过总资产的1%，应该属于正常范围。无效资产，占总资产的5%~10%，一般情况下，不会影响到企业的生存。如果无效资产，超过了总资产的20%，就需要政策扶持才能维持生产运行。

某大型现代煤化工项目，其中有两套装置建成后，由于物料平衡问题，从未投入生产，形成闲置资产20多亿元，接近总资产的20%。企业经营陷入困境，借助于国家政策减值50多亿元，同时进行了部分债务置换，也仅仅能够维持简单的现金流。

工程项目管理不善，也有可能把投资形成低效资产。这种情况更加普遍，几乎是不可避免的，就像人的亚健康状态。所谓低效资产，是指没有发挥应有作用，或者其产生的投资收益，低于同类型投资的平均收益。低效资产有的以单项资产的形式独立存在；大部分隐含在单项资产之中，形成单项资产的一部分。低效资产，具有使用功能，参与装置的运行，发挥一定作用，因而具有很大的隐蔽性。

单项低效资产，大多体现为设备的备用。设备的备用，主要是考虑设备的可靠性、操作水平、运行周期，以及设备对装置的重要程度等因素，设置的后备设备。对设备的备用，在石油化工、现代煤化工的工程设计中，目前尚没有统一的规定。生产运行一般倾向较高的备用率，可以避免由于故障或者误操作造成装置停车。

对于工程设计单位来讲，最简单省事的办法，就是拷贝或者叫图纸复用。如果不加区别地简单复制，忽视了的装置的要求，忽视了设备的特性，忽视了不同工厂操作管理水平的差异，就可能会有过度备用的工程设计，可能会有备用的设备不能发挥应有的作用。有的工厂的备用设备，几年甚至十几年没有启用过。有的企业，只是为了设备管理的需要，定期切换备用设备。有的企业，其备用设备长期在半负荷工况下运行。这些都是低效资产，主要是由于对工程项目管理的理解不深，工程项目管理粗放造成的。

部分低效资产，是相对于单项低效资产而言，这类资产是单项资产的一部分，主要是盲目增加的设备余量。生产团队的操作人员、技术人员，由于对装置操作缺乏理解，对生产运行的本质认识不清晰，为了给装置保留较大的操作空间，有可能会盲目加大设备的余量。

由于石油化工或者现代煤化工生产装置在运行中，不可避免地会受到各种因素的影响，而产生操作参数的波动。合理的工程设计余量，是客观的需要，是十分必要的。但是，当工程设计余量超过一定的限度，不但不会增加操作的弹性，反而会减少操作的空间。比如压缩机，如果设计余量过大，会造成喘振线右移，压缩了操作空间，甚至不得不长期打开防喘振阀。

这一类低效资产，轻则造成能耗物耗增加，影响企业运行效率，增加生产成本。重则会对工艺系统产生影响，留下安全隐患，或者降低产品质量。并且，这类低效资产，由于其隐蔽性，在出现问题时，很难发现真正的原因。

4. 工程项目与生产运行的辩证关系

上面列举了工程项目与生产运行的三种关系。这三种关系，是对具体工程项目管理中，各种现象、理念和方法的归类。分析这些类型的现象，目的是发现在石油化工、现代煤化工工程管理中存在的问题。透过纷繁复杂的、习以为常的现象，寻找问题的本质，进而能够为解决问题找到思路。不识庐山真面目，只缘身在此山中，寻找和解决石油化工和现代煤化工工程管理的问题，也需要站在更高的角度，跳出具体工程项目管理，需要冷眼旁观。

（1）要素配置的本质。工程项目和生产运行，既不是互相独立的割裂关系，也不是相互从属的依存关系；既不是时间上的线性递进关系，也不是空间上的相互包含关系。而是构成一个投资循环的，两个不同特性的阶段，围绕同一个目标，遵循统一的原则，相互之间有序良性融合的关系。

高质量的微观经济元素，及其高质量配置，是宏观经济高质量发展的基础。新中国成立 70 年来，国家通过普及义务教育、发展文化教育，作为经济发展第一要素的人力资源的质量，得到了快速提升。中国作为一个发展中大国，一个基建大国，工程项目建设领域的人才质量，其提升速度非常显著。

在工程项目建设领域，除了人才质量外，其他经济要素的质量，也都有不同程度的提升。在经济要素基本稳定的前提下，提高由这些要素组成的系统的质量和绩效，关键就取决于要素的配置方式，也就是要素之间的关系。

微观经济元素之间的关系，有形式上的关系和本质上的关系两种。形式上的关系，是这些经济元素之间简单的、直观的、线性的关系；本质上的关系，是隐藏在形式关系之后的关系，是这些经济元素相互之间复杂的、抽象的、系统的关系。

经济元素之间形式上的关系，通过直接的观察和简单的判断，即可发现。而本质上的关系，则需要在形式关系的基础上，进一步通过思维的活动，通过在简单判断的基础上进行推理，通过对形式关系的归纳和抽象，才能在大脑中形成。经济元素之间的本质关系，不能通过直接的观察发现。它是看不见的，必须通过综合与抽象，是一种系统性、全面的关系，不是片面的、机械的、线性的关系。

（2）田忌赛马的关系分析。比如田忌赛马中，马分为上、中、下三等。田忌的马和齐威王的马，品质基本上差不多。只是在每一个等级，田忌的马都比齐威王的马速度略慢一点。比赛采取三局两胜的规则，每年举行一次。每年，都是齐威王赢得比赛。田忌为此输了很多金银，虽然心中郁闷，但是也无可奈何。齐威王的马，就是比他自己的马快一点。这是赛场上比出来的结果，所有的人都看得见。并且，比赛是公平公正的，是透明公开的，没有暗箱操作，也没有潜规则，比赛成绩是真实的。

从形式关系的层面看，赛马分为三个等级。在每一个等级，齐威王的马速都比田忌的马速快一点。这只是看到了在每一个等级之内，两个赛马之间的关系，即：齐威王的马速快于田忌的马速。并且，不出意外的情况下，齐威王应该三局全胜。因为从形式上，应该上等马和上等马比，中等马和中等马赛，下等马和下等马争。这是一种简单的、机械的、片面的关系。

孙膑基于这种现状，聚焦赢得比赛这一目标，把赛马作为一个有机的系统来研究。他没有拘泥于上等与上等、中等与中等、下等与下等这种简单的关系，而是在赛马这个有机系统中，做了全方位的比对。发现了隐藏在这个系统中的本质关系，即：田忌的中马，比齐威王的下马快；田忌的上马，比齐威王的中马快。

在发现了这一关系后，基于赢得比赛这一目标，孙膑对比赛的资源配置进行了调整。让田忌的下马和齐威王的上马比，田忌的上马和齐威王的中马赛，田忌的中马和齐威王的下马争。结果，田忌以输一赢二的成绩，首次赢得了比赛。这仅仅是改变了关系，就改变了结果。这一关系的调整，不仅改变了赛马的结果，而且改变了齐国的政治格局，改变了当时的国际军事政治格局。

(3) 工程项目的经济元素。工程项目的经济元素很多，这里列出一些主要的进行讨论。科学技术是第一生产力，也是任何经济组织的第一微观经济元素。对于石油化工和现代煤化工工程项目，所涉及的技术范围极宽。通过技术转让合同，或者技术许可协议获得的技术，只是冰山露出水面的部分。大量隐含的技术，体现在装备中、材料中、方案中、规程标准中。

在石油化工、现代煤化工项目中，有大量的专利技术、专有技术。这是工程项目存在的基础，是投资决策的第一位的前提条件。整个工程项目，都是在这些技术内核的基础上，培植生长出来的。财务评价、市场研究，也都是基于这些技术内核开展。产品的竞争力，本质上是这些核心技术及其集成的竞争力。所以项目的前期研究，应该以构成项目的核心技术及其关系集成为重点。

技术能够转化为生产力的重要条件，是要有经济性。投资都是有经济目标的，并且大多数投资，是把经济成果作为首要的目标。经济学的两个功能，一个是解释，另一个是预测。工程项目需要对经济形势、细分市场进行预测。这里的经济除了技术经济外，还包括产业经济学、区域经济学等。特别是大型的联合石化项目和现代煤化工项目，投资额巨大，一个全面的经济分析是十分必要的。

工程技术与设计，是科研成果转化为生产力的渠道。在技术的研发阶段，为了验证工艺技术工业放大的效果，都会有一个工程研究的阶段。工程技术与设计，在技术开发阶段，就已经和科研开发搭接在一起了。工程技术与设计，是决定技术研发成果转化质量的最重要的环节。工程技术需要通过工程设计，才能变成可实际运行的工程；工程技术需要通过工程设计，才能和其他技术资源集成一个具有特定功能的工程。

生产管理与运行操作，是工程项目质量的最终检验者。工程项目建设的所有质量指标，最终都必须经过生产管理和运行操作的检验。按照全面质量管理的原则，生产管理与运行操作这种质量职能，应该贯穿项目的始终，应该覆盖到工程项目的所有方面。而不只是配备几个人员，或者设置几个岗位的问题。

除了上述的元素外，还有施工、政策与监督、物资装备制造与物流、金融与财务等。这些元素，在项目管理的平台上，进行排列组合，形成各种关系。在经济元素质量相对均衡稳定的情况下，关系的质量决定了项目管理的结果，决定了项目管理的绩效。

（4）生产运行的经济元素。工程项目的质量，包括了选择的工艺技术的质量，以及这些技术的组合质量；包括了工程设计的质量，以及工程设计之间的组合质量；包括了装备的质量，以及装备组成的系统的质量；包括了选址设计的质量，以及生产运行与外围条件的协作质量等。既包括其组成要素的质量，也包括要素集成的质量，是一个广义的概念。

从这一概念理解，工程项目的质量，是生产运行的第一经济元素。微观经济学原理告诉我们，一个生产企业的经济效果，是有一个生产可能性边界的。这一生产可能性边界，基本上在工程项目建成后，就已经确定了，通常应该是一条凹向原点的曲线。好的工程项目质量，同样的投资，其边界线有向右侧移动的可能，差的工程项目质量，其边界线会向左边移动。在这一生产可能性边界确定后，生产运行所能做的，只是尽可能靠近这一边界线组织生产管理。很多现代煤化工项目投产后，多年不能达产，也就是产量组合点没有落在曲线上，而是落在曲线内，即在无效率点上组织生产。

这种情况下，工程项目管理对生产运行的贡献，没有达到其应该达到的水平，是一种欠贡献状态。目前，在石油化工和现代煤化工企业，这是一种常态。现代煤化工产业中，有个别企业，其生产运行的产量组合落在了原点。

生产管理与运行技术，这一对经济元素的作用，体现在两个阶段。第一个阶段是在工程项目建设阶段，它和工程技术与设计一起，是决定工程项目质量的两个最重要的经济元素。生产管理与运行技术，其本身的质量，及其与其他经济元素的关系质量，特别是与工程技术与工程设计的关系的质和量，在投资一定的前提下，是决定生产可能性边界的关键，包括决定边界线的形状和边界线的位置。

在生产的可能性边界确定后，生产管理与运行技术成为决定生产效率的关键元素。尽管由于各种条件的制约，实际的生产边界很难和生产可能性边界重合。这种情况下，生产管理和运行技术，能够发挥的空间很大。归纳起来，有四个方面：

第一个方面，实际生产边界，要尽可能靠近可能性边界。越接近可能性边界，表明生产效率越高，达到可能性边界，也就达到了最高的效率。

第二个方面，生产可能性边界，是以产品产量为基础，形成的生产效率边界曲线。实际生产运行，产量的效率曲线，和效益或者价值的效率曲线不一定重合。除了考虑不同产品转换的机会成本外，还要考虑不同产品的市场价格以及盈利水平。

第三个方面，通过技术升级，可以提升效率，包括可以提高产品产量的生产效率和产品价值创造的效率。技术升级，一般需要通过技术改造的方式实现。也就是需要再投资，通过内涵式扩大再生产，改变生产可能性边界。以煤制烯烃(MTO 路线)工厂为例，这种边界改变有三种可能的方式：一是增加聚丙烯的产能；二是增加聚乙烯的产能；三是同时增加聚乙烯和聚丙烯的产能。

第四个方面，产品产量效率的边界不变，降低了产品成本。包括降低原辅材料消耗，降低能源消耗，降低人工消耗等。特别是对于机会成本较高的产品，降低其生产的机会成本，相当于提高了其价值创造的效率。化工产品的成本构成环节较多，这就给生产管理与技术发挥作用提供了广阔的空间。

生产管理与运行技术发挥作用的基础，是设备管理与检维修。工艺技术指标的实现，生产效率的提升，生产成本的降低，都要依托于装备来实现。石油化工企业、现代煤化工企业追求的“安、稳、长、满、优”指标，都要落实到装备的运行状态上。

设备管理与检维修，也分两个阶段。第一个阶段，在工程项目建设期间，这是设备从无到有的孕育阶段。工程项目启动，设备管理与检维修也就同时开始了。等到项目建成移交后，再开始设备管理与检维修，木已成舟，为时已晚。

在项目建设期间，投资目标要通过目标体系，分解为各层级的子目标。设备管理与检维修，是这个体系中的一个重要节点。要实现这个节点目标，首先要对设备的功能状态进行明确清晰的定义。功能状态包括：设备的运行周期与寿命周期；设备的运行的范围与效率；设备的消耗与出力；设备的备用状态与备用率；设备的检维修模式与备件储备；设备的控制水平与操作模式；设备的失效机理与防护设计等。

设备的功能状态定义，是工程设计和设备选型的输入条件。工程设计要把相关的定义，通过工程设计的规范、标准和程序，转化为设备的设计参数和订货要求，转化为设备检试验和安装调试的要求。

设备功能状态定义，是装备制造的依据。订货文件中的要求，要转化为二次设计的输入条件，转化为制造工艺，转化为试验方案，转化为安装与调试指南。

设备功能状态定义，还是工艺技术规程和操作手册编制的依据。这两项工作，是技术准备的重要内容。技术准备，是项目建设期间生产准备的重要内容。

第二个阶段，项目建成移交后，作为支撑生产运行的制度体系，设备管理和检维修制度与工艺技术管理制度具有同等重要的地位。延长稳定运行的周期，缩短各种停工时间，是提高生产效率的有效手段，也是降低生产成本的重要举措。日常维护管理做得好，设备运行周期就会延长。检修管理做得好，会缩短装置停工时间，就相当于延长了稳定运行的时间。

缩短检维修的停工时间，需要根据在工程项目建设期间设计的装置运行模式，采用更专业、效率更高的实施方案；需要更精细化的分工，与更高集成度的有机统一；需要市场化、社会化与生产管理的有机统一。这些都是设备管理与检维修的课题。

一个好的备件储备模式，不仅可以大大降低库存，减少资金占用，而且可以从事务性的库房管理中，抽出精力研究提升生产效率。让资金、人力等经济元素，发挥更大的作用，也是设备管理与检维修的经济贡献。

目前，库存储备过高已经成为企业的通病，以至于上升到国家层面的问题。国务院把“三去一补一降”，作为一个时期工作的重点，作为推动经济高质量发展的抓手。实际上，在推动降低存量库存储备的同时，更应该研究减少增量库存。否则，容易形成数字游戏，变成“去—升—再去—再升”的恶性循环。

设备在使用过程中，由于外部负荷、内部应力、自然侵蚀、操作偏离等因素的共同作用，不可避免会出现劣化。基于对劣化程度、趋势、部位等的判断方式不同，以及设备劣化对安全生产和经营的影响程度，发展出了不同的检维修理念和模式。从事后被动维修、计划维修、主动维修，发展到现在的战略维修(即维修 4.0)。

战略维修从传统的聚焦设备的维修，提升到了从企业战略、经营绩效的角度管理设备检维修。检维修管理的发展历程，体现出认识论的基本规律，通过实践-认识-再实践的循环，每一次循环都提升了对检维修管理的认识，都更加接近检维修管理的本质。

从事后被动检修，到战略维修，可以看到检维修管理目标升级的过程。事后被动检修的目标，是将发生故障的设备，尽快修复；计划检修的目标进了一步，按照计划定期对设备进行检维修，减少突发故障对安全生产带来的影响；主动维修(预知维修)的目标，在前面的基础上又得到提高，有针对性、有目标的检维修，可以减少过修和失修，大幅度降低检维修的成本。

前面三个阶段，检维修管理的目标，集中在设备及检维修活动，目标都是恢复设备的性能和精度。管理的内容和对象，是设备和检维修活动。战略维修的目标，和前三个阶段相比有了质的提升。它不再仅仅关注设备及其检维修活动，而是站在了企业战略、投资目标的高度，来认识和管理检维修。它关注这些资产在寿命周期内，为企业提供的价值，对投资目标的贡献。

站在价值的角度，检维修管理是和投资决策密切相关的，关系到资产的收益，关系到资产的保值和增值。所以，检维修管理，应该成为投资决策的前提条件之一。检维修管理和工程设计密切相关。在工程项目中，工程设计是把资本转化为资产的最重要的环节。所以检维修管理，应该作为工程设计的输入条件。

石油化工和现代煤化工工程项目，所涉及的关系复杂且种类繁多。难以一一讨论，只对上面四种经常遇到的、直接的和主要的关系进行了讨论。工程项目的独特性和唯一性，使得每一个具体的工程项目，都会具有自身的特点。这里的思考未必适应每一个具体的工程项目，只是提供了一个思考具体工程项目的方法，用于帮助工程项目管理团队规划项目和管理项目。

参 考 文 献

[1] 曼昆·经济学原理(第4版)微观部分．北京：清华大学出版社，2012.
[2] 亚当·斯密．国富论．陈星译．西安：陕西师范大学出版社，2006.
[3] 万国杰. 新常态下的工程项目管理. 北京：中国石化出版社，2017.
[4] 乔治·亨德里克斯. 组织的经济学与管理学：协调、激励与策略. 胡雅梅，张学渊，曹利群译. 北京：中国人民大学出版社，2007.
[5] 万国杰. 煤制油煤化工工程项目管理. 北京：中国石化出版社，2014.
[6] 彼得·德鲁克. 动荡时代的管理. 姜文波译. 北京：机械工业出版社，2006.
[7] 张孝梅. 委托人与代理人的目标冲突及融合. 北京：中国人民大学出版社，2015.
[8] 斯蒂芬·P·罗宾斯，蒂莫西·A·贾琦．组织行为学(第14版). 北京：清华大学出版社，2012.
[9] 金岳霖．形式逻辑．北京：人民出版社，2006.
[10] 康德．逻辑学讲义．许景行译．北京：商务印书馆，2018.
[11] 席相霖．现代工程项目管理使用手册．北京：新华出版社，2002.
[12] 张五常．经济解释．北京：中信出版社，2015.
[13] 饶珍，谢鹏波．乙烯生产技术．北京：化学工业出版社，2018.
[14] D·Q·麦克尼伦．简单的逻辑．赵明燕译．杭州：浙江人民出版社，2013.
[15] 刘中民．甲醇制烯烃．北京：科学出版社，2015.
[16] 布鲁克·诺埃尔·穆尔 肯尼思·布鲁德．思想的力量．李宏昀，倪佳译．北京：北京联合出版公司，2017.
[17] 王帅，韩凯，何畅．化工系统工程．北京：化学工业出版社，2018.
[18] 李世雁．自然辩证法——科学技术哲学基础．北京：北京师范大学出版社，2014.
[19] 杨侃．项目设计与范围管理．北京：电子工业出版社，2013.
[20] 韩大卫．管理运筹学．大连：大连理工大学出版社，2010.
[21] 稻盛和夫．干法．曹岫云译．北京：机械工业出版社，2015.
[22] 克里斯托弗·贝里，大卫·休谟．启蒙与怀疑．李冠峰译．武汉：华中科技大学出版社，2019.
[23] 吴秀章．煤制低碳烯烃工艺与工程．北京：化学工业出版社，2014.